GÉOGRAPHIE BOTANIQUE

INFLUENCE

DU TERRAIN SUR LA VÉGÉTATION

Par Ch. CONTÉJEAN

PROFESSEUR A LA FACULTÉ DES SCIENCES DE POITIERS.

PARIS

LIBRAIRIE J.-B. BAILLIÈRE et FILS

19, RUE HAUTEFEUILLE, PRÈS DU BOULEVARD SAINT-GERMAIN

—

1881

GÉOGRAPHIE BOTANIQUE

GÉOGRAPHIE BOTANIQUE

INFLUENCE

DU TERRAIN SUR LA VÉGÉTATION

Par Ch. CONTEJEAN

PROFESSEUR A LA FACULTÉ DES SCIENCES DE POITIERS.

PARIS

LIBRAIRIE J.-B. BAILLIÈRE et FILS

19, RUE HAUTEFEUILLE, PRÈS DU BOULEVARD SAINT-GERMAIN

1881

Ce livre est le résumé et le complément de plusieurs mémoires que j'ai publiés à diverses époques sur le même sujet. Mais il n'en est pas la reproduction pure et simple. Suivant le précepte du poëte, j'ai dû

Ajouter quelquefois et souvent effacer,

profitant des renseignements qu'ont bien voulu me fournir nombre d'amis et de correspondants, profitant plus encore, j'ose le dire, de mes recherches incessantes. De cette manière ont été résolues plusieurs questions demeurées jusqu'ici sans réponse, de cette manière beaucoup de faits nouveaux sont venus confirmer les conclusions un peu timides de mes premiers essais. Il était donc indispensable de rectifier et de compléter ces derniers : tel est l'objet du présent travail, consacré à l'exposé méthodique d'une doctrine que je crois avoir contribué à mettre en évidence, et qui me parait désormais inattaquable.

Poitiers, janvier 1881.

GÉOGRAPHIE BOTANIQUE

I.

EXPOSÉ.

Sous toutes les latitudes, à tous les niveaux, les plantes affectent des groupements particuliers, ou, en d'autres termes, présentent des associations d'espèces qui paraissent dépendre de la nature du sol. Quel que soit le genre de station, la flore du granite n'est pas la même que celle du calcaire, et diffère également de celle de l'argile ou du basalte désagrégé. Le contraste est surtout remarquable entre la silice et le calcaire, et toutes les fois que ces deux sols arrivent en contact, on voit les plantes caractéristiques de chacun d'eux s'arrêter à la ligne de démarcation des terrains sans jamais empiéter au delà. Les moindres pointements granitiques, les plus petits lambeaux feldspathiques ou siliceux transportés par les courants diluviens au milieu du calcaire se reconnaissent immédiatement à leur végétation. Il est d'ailleurs inutile d'insister sur tous ces faits, signalés depuis longtemps en grand nombre, et dont j'aurai occasion de citer beaucoup d'exemples ; ils prouvent que les plantes se montrent aussi exclusives pour le terrain que pour le climat.

Si l'on cherche à se rendre compte de cet état de choses, il vient naturellement à la pensée que le terrain agit en raison des éléments chimiques dont il se compose, et que les plantes du granite exigent la silice, de même que celles du calcaire exigent le carbonate de chaux. Ce qui donne à cette manière de voir une grande apparence de probabilité, c'est que la végétation maritime, qui est tout aussi spéciale que celle du granite ou du calcaire, se touve étroitement renfermée dans la zone littorale accessible à l'eau salée. Les plantes maritimes (1) contiennent toutes des quantités notables de soude; leur existence est si étroitement liée à la présence de cette base, que nous les retrouvons dans l'intérieur des continents, à plusieurs centaines de lieues des mers, autour des efflorescences et des sources salines. Il est donc bien évident que l'action chimique devient ici prépondérante, exclusive ; elle parait annuler celle du sol, puisque les mêmes espèces maritimes se rencontrent presque indifféremment sur le sable, sur le calcaire, sur le granite.

La pratique agricole fournit de nouvelles présomptions en faveur de notre thèse. Sur le granite et les schistes cristallins on ne peut cultiver les céréales avec profit qu'après avoir fourni à la terre, par l'opération du chaulage, la quantité de calcaire dont elles ont besoin. Au contraire, le châtaignier, le seigle, le sarrasin s'accommodent du plus maigre sol siliceux. Sur toute espèce de roche la couche arable s'épuise rapidement, et ne peut être exploitée, d'une manière permanente, qu'à l'aide d'assolements ou d'amendements qui donnent aux principes chimiques indispensables le temps de se reconstituer peu à peu, ou qui les introduisent directement dans le sol. On connait aussi toute une catégorie de plantes qui ne prospèrent guère qu'au

____

(1) Je distingue la flore *maritime*, dont les espèces croissent dans l'air et sur les rivages, de la flore *marine*, dont les espèces croissent à des profondeurs diverses sous l'eau salée, et qui ne se compose guère que d'algues.

pied des murs et dans le voisinage des fumiers, et
qui recherchent évidemment les sels ammoniacaux
et les nitrates dont les stations de ce genre sont
imprégnées.

Cependant, quoique la plupart des auteurs accor-
dent à la nature chimique du terrain une influence
prépondérante et souvent exclusive, il y a nombre
de dissidents. Mon intention n'étant pas de traiter
le sujet *ex professo*, je me dispenserai d'énumé-
rer les théories plus ou moins ingénieuses émises
à différentes époques, et de passer en revue les
travaux des botanistes qui ont écrit sur la matière.
Qu'il me suffise de rappeler que ces derniers appartiennent à deux écoles diamétralement opposées : les
uns admettant l'influence chimique prépondérante ;
les autres soutenant que le sol agit principalement
en raison de son état physique et de son mode mécanique de désagrégation.

Le plus célèbre des champions de l'influence
physique est certainement Jules Thurmann. Le premier il formula une théorie nette et précise, s'adap-
tant à toutes les éventualités, se prêtant à toutes
les exigences. Aussi son livre (1) eut-il un grand
succès. Longtemps partisan des idées de mon illustre ami j'entrai moi-même dans la lice (2), et je
soutins la nouvelle doctrine avec l'ardeur qui pro-
cède à la fois d'une conviction sincère et de l'ascen-
dant bien naturel qu'exerce un maitre respecté.
Cependant, le premier enthousiasme affaibli, je ne

(1) *Essai de Phytostatique appliquée à la chaîne du Jura et aux contrées
voisines, etc.*, 2 vol. in-8°. Berne, 1849.

(2) *Remarques sur la dispersion des plantes vasculaires relativement aux
roches sous-jacentes, etc.*; dans les *Actes de la Société helvétique des sciences
naturelles*, 38e session. Porentruy, 1853, p. 189. — *Énumération des plantes
vasculaires des environs de Montbéliard*; dans les *Mémoires de la Société
d'émulation du Doubs*, 2e série, t. IV et V. Besançou, 1853 et 1854.

tardai pas à remarquer, même dans le pays de Montbéliard, certains faits qui cadraient mal avec la théorie de Thurmann. Quelques-unes de mes anciennes observations me parurent susceptibles d'une interprétation différente de celle que je leur avais donnée ; plusieurs points faibles furent relevés par divers auteurs dans la *Phytostatique* ; enfin, mes études subséquentes dans presque toute la France, et notamment dans le plateau central, ébranlèrent peu à peu mes anciennes convictions, et, finalement, les modifièrent de fond en comble. Ayant peu vu je croyais à l'influence physique du terrain ; ayant observé davantage je suis devenu partisan de l'opinion contraire.

Dans son œuvre remarquable Thurmann résume tout ce qu'on avait dit avant lui en faveur de l'influence physique du sol, et il expose une théorie nouvelle qui l'emporte infiniment sur les vues plus ou moins disparates de ses prédécesseurs. C'est donc uniquement avec lui que j'ai à compter, et j'entrerai en matière en exposant d'une manière sommaire son ingénieux système.

II.

DISCUSSION DE LA THÉORIE DE THURMANN.

D'après cet auteur, le sol agit en raison de son état physique et de son mode mécanique de désagrégation, et nullement (1) en raison de sa composition chimique et minéralogique. Si les végétaux de

---

(1) Il n'est ici question que d'influence prépondérante, Thurmann reconnaissant aussi l'action chimique du terrain, notamment pour la flore maritime et pour celle des lieux azotés, riches en sels d'ammoniaque et en nitrates.

la silice accompagnent obstinément les terrains quartzeux et feldspathiques, c'est parce que ces terrains produisent, en se désagrégeant, un sol meuble, humide et profond, seul convenable aux plantes dites de la silice, et non parce que celles-ci recherchent la silice ou tout autre principe chimique particulier aux sols de cette catégorie. Si les espèces du calcaire se montrent également exclusives, c'est parce que la roche se désagrège fort peu et ne donne qu'un sol maigre, sec et peu profond, seul convenable aux plantes dites du calcaire, et nullement parce que celles-ci recherchent le carbonate de chaux ou tout autre principe particulier à ce terrain. Le plus souvent un mode de désagrégation constant correspond à une composition minéralogique déterminée, de sorte que la manière d'être physique des roches se trouve dissimulée par leur nature chimique, et qu'on attribue toute influence à cette dernière. Mais il arrive aussi que la même roche se montre tantôt dure et compacte, tantôt friable et profondément altérée. Alors on rencontre les plantes prétendues siliceuses sur la roche désagrégée, et les plantes prétendues calcaires sur la même roche compacte. Toutes les fois que les terrains siliceux se trouvent accidentellement massifs et résistants ils ont la flore du calcaire, et si le calcaire devient sableux et détritique il nourrit la flore de la silice. Telle est, en peu de mots, la théorie; mais je dois compléter ce premier aperçu par des détails plus circonstanciés.

D'après Thurmann, la désagrégation naturelle des roches a lieu de deux manières différentes. Dans le premier cas elle ne s'effectue qu'à l'extérieur, et réduit la surface attaquée en une fine poussière. Il peut bien arriver que la roche se fende en tous sens et se divise en morceaux de divers formats; mais chacun de ces fragments se trouve isolément soumis à la désagrégation pulvérulente superficielle, dont le résultat définitif est une substance terreuse fort ténue, qui se trouve alors mêlée à des débris anguleux de toute grosseur. Dans le second cas la décomposition extérieure peut être considérée comme nulle, mais la division fragmentaire profonde, portée à un plus haut degré, produit, en dernier lieu, de petites parcelles grenues, désormais indivisibles, et qui échappent à la décomposition terreuse. Des sables meubles sont le résultat de ce mode particulier de désagrégation. Thurmann appelle les roches de la première catégorie *pélogènes*, et nomme leur détritus *pélique* ; il appelle celles de la seconde catégorie *psammogènes*, et nomme leur détritus *psammique*.

Toutes les roches ne sont pas décomposables au même degré. Les unes résistent presque indéfiniment à l'influence des agents atmosphériques ; après une longue suite de siècles elles offrent à peine quelques traces d'altération. Leur détritus pélique ou psammique est donc à peu près nul. Elles sont appelées, suivant le cas, *oligopéliques*, *oligopsammiques*. Quand les roches fournissent un détritus abondant, on les nomme *perpéliques*, *perpsammiques*. Celles qui ont une tendance moyenne à la désagrégation forment la catégorie des *hémipéliques*, *hémipsammiques*. Les roches qui se désagrègent facilement sont désignées, d'une manière générale, sous le nom d'*eugéogènes*, et celles qui résistent énergiquement à la décomposition sont appelées *dysgéogènes*. Il existe enfin des roches dont la désagrégation est à la fois pélique et psammique : elles sont dites *pélopsammogènes*, et leur détritus porte le nom de *pélopsammique*.

Le tableau suivant, extrait de la *Phytostatique* , résume cette nomenclature :

ROCHES

pélogènes. . .

- parfaites : *perpéliques*. Marnes oxfordiennes, liasiques, argiles du keuper, limons, etc.
- moyennes : *hémipéliques*. Calcaires marno-compactes. conchyliens, kelloviens, liasiques, etc.
- imparfaites : *oligopéliques*. Calcaires jurassiques compactes, certains porphyres, certains basaltes.

psammogènes

- parfaites : *perpsammiques*. Sables quartzeux, certains grès vosgiens, certaines dolomies sableuses.
- moyennes : *hémipsammiques*. Mollasse, certaines grauwackes, certains calcaires saccharoïdes.
- imparfaites : *oligopsammiques*. Certains granites, certaines grauwackes, certaines dolomies.

pélopsammogènes. Limons graveleux, alluvions, porphyres quartzifères hémipéliques, granites kaoliniques.

Toutes ces roches sont loin de posséder à un égal degré la faculté d'absorber les liquides. Les calcaires, les basaltes, les porphyres compactes, en un mot les roches dysgéogènes ne se laissent imbiber que très difficilement ; après un séjour longtemps prolongé dans l'eau elles n'augmentent pas sensiblement de poids. Emporté par les vents et par les pluies, le détritus qu'elles produisent n'a que peu d'épaisseur, et souvent fait complètement défaut ; tandis que les roches eugéogènes, telles que sables, grès, granites, argiles, etc., absorbent l'eau avec une grande facilité, et donnent naissance à un sol meuble et profond.

La perméabilité en grand a lieu d'une manière inverse. Les calcaires jurassiques et la plupart des roches stratifiées dysgéogènes sont fissurés dans tous les sens. Extrêmement nombreuses, les fentes traversent les bancs dans toute leur épaisseur, et ne s'arrêtent qu'aux assises marneuses intercalées , quand il s'en présente. Au contraire, les roches massives eugéogènes, les argiles, certains grès, ne sont point morcelées par de grandes fissures, et n'offrent, au-dessous de la surface désagrégée, que des masses compactes plus ou moins sillonnées de petites fentes peu profondes, au delà desquelles les liquides ne peuvent pénétrer. Il en résulte que les sols dysgéogènes sont plus secs que les sols eugéogènes. Sur les premiers les eaux des pluies, absorbées par les grandes fissures verticales, se réunissent en ruisseaux souterrains à la rencontre des assises marneuses imperméables, et viennent jaillir à la surface du sol dans les vallées où affleure la tranche de ces assises. L'eau pluviale séjourne beaucoup plus longtemps dans les sols eugéogènes, où la couche superficielle désagrégée est fort épaisse ; arrivée aux massifs compactes, qu'elle ne peut traverser, elle circule à leur surface, et finit par jaillir à l'extérieur, dans les dépressions, en une multitude de petits filets, qui donnent naissance à des sources et à des ruisseaux. Les sols eugéogènes sont, par conséquent, fort humides et abondamment arrosés.

Le contraste n'est pas moins remarquable entre la flore des terrains eugéogènes et celle des terrains dysgéogènes. Sur les premiers on voit prédominer les espèces des stations fraiches et ombragées : la végétation présente un caractère plus boréal ; elle est plus luxuriante ; les familles inférieures se trouvent en plus forte proportion ; il y a beaucoup de plantes annuelles ; les espèces sociales sont plus répandues, et la flore, en général, semble échapper davantage à l'influence de l'altitude et de la station. Sur les terrains dysgéogènes les plantes herbacées restent plus courtes et plus rabougries, mais elles sont plus robustes ; les espèces vivaces deviennent nombreuses ; les familles supérieures prédominent ; il y a moins de mobilité en ce qui concerne l'altitude et la station ; la flore est plus méridionale. D'après Thurmann, ce contraste a pour cause essentielle l'état physique et le mode de désagrégation des roches sous-jacentes, d'où résultent les différences qu'on observe dans la profondeur et l'humidité du sol. En conséquence il établit deux classes de plantes : les unes particulières aux terrains eugéogènes, ou plantes *hygrophiles*; les autres préférant les terrains dysgéogènes, ou plantes *xérophiles*. Il donne la liste des hygrophiles et des xérophiles les plus répandues dans son champ d'étude, et les divise en *hygrophiles en général, hygrophiles plus psammiques, hygrophiles plus péliques, xérophiles préférentes, xérophiles plus adhérentes*. Il admet, d'ailleurs, des *hygrophiles pélopsammiques*, et donne le nom d'*ubiquistes* aux plantes qui croissent indifféremment sur tous les terrains.

Telle est la conception de Thurmann dans ses principaux détails. Pour choisir entre cette théorie et celle de l'influence chimique prépondérante, la marche à suivre est d'examiner le plus grand nombre possible de faits de dispersion végétale, et de voir laquelle des deux hypothèses en donne l'explication la plus naturelle. C'est ainsi qu'ont procédé Thurmann et ses adversaires; c'est ainsi que je ferai moi-même.

Je rappellerai que, d'après cet auteur, les plantes du granite, des schistes cristallins, etc. ne préfèrent pas la silice, mais recherchent les sols eugéogènes psammiques; elles appartiennent toutes à la catégorie des hygrophiles psammiques et pélopsammiques. De même, les plantes du calcaire ne préfèrent pas le carbonate de chaux, mais exigent des sols dysgéogènes; elles appartiennent toutes à la catégorie des xérophiles oligopéliques. Ces assertions étant le plus souvent exactes, il semble difficile de choisir, *a priori*, entre les deux hypothèses.

Essayons néanmoins de nous former une opinion.

Les faits les plus significatifs invoqués à l'appui de la théorie de Thurmann sont les suivants :

1° Dans le centre et surtout dans le midi de la France, beaucoup des plantes caractéristiques du calcaire se trouvent également sur les roches siliceuses, telles que granites, schistes cristallins, grès et même sables quartzeux ; elles s'accommodent de stations de plus en plus eugéogènes à mesure qu'on s'avance dans le sud et qu'augmente la chaleur du climat. Cela prouve que ces espèces, qui appartiennent toutes à la classe des xérophiles, recherchent la sécheresse et non l'élément calcaire.

2° Les botanistes ont signalé dans les montagnes du Jura quelques plantes de la silice, telles que *Meum athamanticum*, *Valeriana tripteris*, *Arnica montana*, *Calluna vulgaris*, *Poa sudetica*, *Betula alba*, *Pteris aquilina*. Ces espèces sont fort rares et fort disséminées, il est vrai ; mais comment expliquer leur présence sur le calcaire jurassique, si l'on admet l'influence chimique du sol ?

3° Les grès et les sables siliceux de la forêt de Fontainebleau nourrissent la flore de la silice ; néanmoins, dans plusieurs localités, notamment au Mail de Henri IV, on trouve sur ces mêmes grès une véritable colonie de plantes du calcaire, au nombre desquelles : *Helianthemum Fumana*, *Ononis Columnae*, *Inula hirta*, *Cynanchum Vincetoxicum*, *Carex humilis*, *Sessleria cærulea*, etc. Le calcaire faisant défaut, il est bien évident que cette colonie ne peut être maintenue sur le grès que par suite de l'état éminemment dysgéogène de la roche.

4° Les tourbières du Jura ont la flore de la silice ; et cependant le sol est ici de nature végétale, et ne contient d'autre silice que celle qui provient des détritus des plantes elles-mêmes. Mais il est eugéogène au plus haut degré : donc, rien d'étonnant s'il nourrit une flore éminemment hygrophile.

5° Les plateaux qui forment la grande falaise où se termine le Jura au-dessus de Lons-le-Saulnier et de Saint-Amour, sont constitués par un calcaire oolithique, tantôt compacte, et caractérisé par la flore xérophile calcaire, tantôt désagrégé, et alors caractérisé par la flore hygrophile de la silice. Thurmann s'exprime ainsi (1) « : Une excursion dans le bois du Chânet et du

« Biollet, à droite et à gauche du chemin de Thoissia,
« fera connaître ce qui se passe sur la falaise. En y
« montant par Vilette, tant qu'on sera sur les calcaires
« compactes, on verra les espèces sèches de notre
« région (d'altitude) moyenne ; mais, arrivé sur les
« premiers accidents du plateau, on se trouvera
« immédiatement sur l'oolithique désagrégé et dans
« des bois de *Quercus sessiliflora* dominant avec *Saro-*
« *thamnus, Calluna, Aira flexuosa, Stellaria Holostea,*
« *Festuca rubra, F. heterophylla, Luzula maxima,*
« *Orobus tuberosus, Genista germanica, Pteris aqui-*
« *lina,* etc.... Si, en descendant sur Saint-Amour
« par un chemin un peu différent, l'on visite en pas-
« sant les petits crêts de l'Aubépin et d'Allonal,
« formés de roches compactes, on y trouvera de nou-
« veau toute la végétation jurassique (xérophile ou du
« calcaire) : *Buxus, Cytisus, Aria, Helleborus, Rosa*
« *rubiginosa, Melica ciliata, Trifolium rubens, Teu-*
« *crium Chamaedrys, Euphorbia verrucosa, Seseli*
« *montanum, Linum tenuifolium, Dianthus silves-*
« *tris,* etc., sans aucune des espèces contrastantes
« des bois qu'on vient de quitter. » S'il en est ainsi, ce n'est point à la silice qu'est due la présence du *Sarothamnus* et des hygrophiles signalées par Thurmann, mais bien à l'état de désagrégation du

<hr>

(1) *Essai de Phytostatique,* t. I, p. 261.

CONTEJEAN, Géogr. bot.   2

calcaire, qui devient exceptionnellement eugéogène.

6° Dans les montagnes jurassiques de l'Albe de Wurtemberg, où la flore est xérophile, les affleurements de calcaire magnésien désagrégé et de calcaire sableux nourrissent les *Betula nana*, *Luzula albida*, *Arnica montana*, et même exceptionnellement le *Digitalis purpurea* et le *Sarothamnus scoparius*. Le *Betula* est surtout caractéristique : « Partout, dit « Thurmann (1), cet arbre se trouve sur les calcaires « saccharoïdes *magnésifères ou non*; partout il dis- « parait subitement au passage sur les calcaires « compactes et marno-compactes.... M. Fraas de « Bahlingen, à qui j'avais signalé comme probable « cette relation entre les couches psammogènes de « l'Albe et la présence du Bouleau, l'a constaté récem- « ment (1847) de la manière la plus positive. » S'il en est ainsi, ce fait de dispersion, à peu près identique au précédent, ne peut être expliqué que par l'hypothèse de l'influence physique du terrain.

7° J'ai signalé (2) à Chagey (Haute-Saône) un affleurement de porphyre, où j'ai vu : *Hypericum hirsutum*, *Astragalus Glycyphyllos*, *Origanum vulgare*, *Teucrium Chamædrys*, *Calamintha officinalis*, *Melittis Melissophyllum*, *Daphne Mezereum*, *Epipactis ensifolia*, *Carex digitata*. Quoique nombre d'espèces de la silice (et notamment le *Sarothamnus*) existent aussi dans le voisinage, on peut citer ce groupement de plantes du calcaire sur des roches éminemment siliceuses, comme une preuve de plus à l'appui de la théorie de Thurmann.

8° L'exemple le plus remarquable, celui qui parait le plus concluant en faveur de la même théorie, est fourni par le Kaiserstuhl. C'est un groupe de col-

---

(1) *Essai de Phytostatique*, t. I, p. 235.

(2) *Énumération des plantes vasculaires des environs de Montbéliard*. Introduction, p. 70.

lines peu élevées, situées dans le pays de Bade, entre le Rhin et la Forêt-Noire, à quelques lieues de Fribourg, et isolées de toute part au milieu des alluvions siliceuses de la vallée. La roche qui constitue le massif principal est une dolérite plus ou moins porphyroïde, composée de pyroxène, de feldspath labrador et de fer titané. Elle est donc siliceuse. Cependant la flore est celle du calcaire. « Un botaniste un peu habitué à la physionomie « du Jura, dit Thurmann (1), ne saurait manquer « d'être frappé de l'extrême ressemblance que la « végétation offre en ce point avec la végétation « jurassique, surtout s'il vient de quitter la flore « hercynienne. A peine sur les dolérites, il verra « réunis dans l'espace de quelques pas, les *Pru-* « *nella grandiflora, Stachys recta, Asperula Cynan-* « *chica, Verbascum Lychnilis, Picris hieracioides,* « *Calamintha Acinos, Conyza squarrosa, Dianthus* « *carthusianorum, Helianthemum vulgare, Betonica* « *officinalis, Clinopodium vulgare, Brachypodium* « *pinnatum, Arrhenatherum elatius, Anthericum* « *ramosum, Ligustrum vulgare, Anthyllis Vulne-* « *raria, Cratægus Aria, Pimpinella Saxifraga, Ori-* « *ganum vulgare, Cynanchum Vincetoxicum, Sedum* « *sexangulare, Rubus tomentosus, Genista sagittalis,* « *Coronilla varia, Teucrium Chamædrys, Campanula* « *glomerata, Trifolium rubens, Phleum Bœhmeri,* etc.; « et cet ensemble de plantes si jurassiques ne sera « altéré que par quelques plantes évidemment « liées au contact des limons plus ou moins gra- « veleux, telles que : *Ononis spinosa, Artemisia* « *campestris,* etc. »

J'ajouterai que, dans sa *Flore de Fribourg,* Spenner réunit le Kaiserstuhl à sa région calcaire. Il

_____

(1) *Essai de Phytostatique,* t. I, p. 239.

paraît donc bien évident que la présence d'une végétation toute xérophile au Kaiserstuhl est due à l'état dysgéogène des roches sous-jacentes, et non à l'élément calcaire.

Ces huit exemples sont tout ce que j'ai pu trouver de plus concluant. Thurmann rapporte un grand nombre d'autres faits ; mais ils ont moins de valeur, les contrastes ayant toujours lieu entre le calcaire, d'une part, et les argiles liasiques ou oxfordiennes, la mollasse, divers grès, les alluvions, le diluvium, d'autre part, tous terrains siliceux ou contenant beaucoup de silice. On peut donc affirmer que le fond de la théorie repose presque absolument sur les huit exemples que je viens de mentionner. S'ils n'avaient pas été signalés, Thurmann n'aurait eu aucune raison d'inventer son ingénieuse hypothèse, puisque tous les faits de contraste à lui connus auraient eu lieu entre des roches calcaires et des roches siliceuses. Eh bien, je vais prouver que les huit exemples ont été mal interprétés.

Mais, pour cela, je dois faire intervenir moi-même une hypothèse. Je supposerai un instant que les plantes du calcaire exigent impérieusement le carbonate de chaux, et que les plantes de la silice le repoussent avec non moins d'énergie, sans avoir un besoin particulier de silice ou de toute autre substance minérale ; je supposerai, de même, que les plantes indifférentes sur la nature du terrain s'accommodent ou se privent de calcaire sans inconvénient.

Cela bien compris, j'interprète les huit exemples de la manière suivante :

1° Si beaucoup de xérophiles se trouvent dans le midi de l'Europe sur le granite et sur d'autres roches eugéogènes, cela prouve qu'elles appartiennent à la catégorie des indifférentes, et qu'on a eu tort de les mettre au nombre des caractéristiques du calcaire. Cela prouve aussi, comme on le verra plus loin, que ces roches renferment souvent des minéraux produisant, par leur décomposition, du carbonate de chaux dont on n'avait pas soupçonné la présence. Sous toutes les latitudes, à toutes les altitudes et quelle que soit la chaleur du climat, la flore de la silice et celle du calcaire sont exclusives au même degré ; seulement, il importe de bien choisir les caractéristiques. C'est ce dont j'ai pu m'assurer dans une foule de localités des Alpes suisses et italiennes, de la Provence, du Roussillon, des Pyrénées et du plateau central de la France.

2° Les espèces de la silice indiquées dans les chaînes du Jura ne croissent pas sur le calcaire. M. Saint-Lager a constaté que l'*Arnica montana* du Chasseron et de la montagne de Boudry est installé sur des dépôts sidérolithiques; qu'à Vely, à Retord et à Mazières en Bugey, la même plante croît dans une tourbe établie sur argiles glaciaires; qu'elle occupe des lambeaux de grès vert au col de la Ruchère, dans le massif de la Grande-Chartreuse, et ainsi de suite. Il a reconnu que les châtaigniers de Collonges et de Thoiry, au pied du Jura, sont enracinés dans le sable sidérolithique. J'ai vu, de mon côté, que les jeunes châtaigniers introduits naguère sur les plateaux jurassiques d'Hérimoncourt (Doubs) prospèrent dans une argile diluvienne qui ne fait aucune effervescence avec les acides, et j'ai constaté maintes fois que les *Pteris*, *Calluna*, *Betula* se trouvent dans des conditions analogues. On verra bientôt qu'il en est de même pour le *Sarothamnus* de Lons-le-Saulnier et de Saint-Amour.

3° Le grès de Fontainebleau renferme du carbonate de chaux dans les localités occupées par la flore du calcaire. Au Mail de Henri IV, d'après M. Planchon (1), le carbonate est « dissimulé dans une couche très mince de silice. » On sait d'ailleurs que sur une foule de points le grès de Fontainebleau contient du calcaire intimement mélangé, et j'ai pu m'assurer que plusieurs spécimens choisis dans les collections de la faculté des sciences de Poitiers produisent une vive effervescence quand on vient à les toucher avec l'acide chlorhydrique. M. Fliche (2) signale plusieurs faits dans le même sens, et M. Nouel (3) indique, près de Malesherbes, de nouvelles localités où le grès de Fontainebleau, occupé par la flore du calcaire, fait une vive effervescence avec les acides.

4° Il suffit que le sol tourbeux soit privé de chaux pour que les plantes de la silice y prospèrent. Or, c'est ce qui a lieu dans le Jura, où la tourbe repose sur des sables siliceux et des argiles graveleuses, le plus souvent d'origine glaciaire.

5° Je tiens de Michalet et de H. de Jouffroy, qui ont voulu contrôler les assertions de Thurmann, que les plantes hygrophiles de Lons-le-Saulnier et de Saint-Amour ne croissent pas sur un calcaire sidérolithique désagrégé, mais sur un diluvium argilo-sableux. C'est d'ailleurs ce que déclare Michalet (4). Il y a donc erreur d'observation ; les hygrophiles de Lons-le-Saulnier et de Saint-Amour sont simplement des ennemies du calcaire qui ont pris racine dans un sol où ce minéral n'existe point (5).

(1) *Bulletin de la Société botanique de France*, 1854, t. 1er, p. 351.

(2) *Du sol des environs de Fontainebleau, etc.* ; dans les *Mémoires de la Société des sciences de Nancy*, année 1876.

(3) *Sur la flore du grès de Fontainebleau* ; dans les *Comptes-rendus hebdomadaires des séances de l'Académie des sciences*, t. LXXXII (1876), p. 1168.

(4) *Histoire naturelle du Jura et des départements voisins*, t. II, BOTANIQUE, par E. Michalet, p. 126. Paris et Lons-le-Saulnier, 1864.

(5) Je n'ai point vu les localités du département du Jura, mais j'en ai trouvé d'analogues dans les environs de Montbéliard. Le calcaire oolithique des plateaux qui s'élèvent au-dessus de la vallée du Doubs, à Colombier-

6° Ce n'est pas sur de la dolomie désagrégée et sur du calcaire sableux que se rencontrent les plantes hygrophiles signalées par Thurmann dans l'Albe de Wurtemberg. Il résulte de renseignements fort explicites qu'a bien voulu me fournir M. Saint-Lager (1), que la roche sur laquelle croissent les *Betula, Sarothamnus, Luzula, Arnica*, etc., est un calcaire silicifié et jaspoïde, souvent assez dur pour faire feu au briquet. Dans les fentes de cette roche et au-dessus d'elle se trouvent des dépôts sidérolithiques, consistant en sables quartzeux et argiles avec minerai de fer. C'est principalement dans ces sables que sont cantonnées les espèces de la silice.

Lorsque, malgré son grand talent d'observation, Thurmann a pu être induit en erreur dans les localités toutes jurassiennes de Lons-le-Saulnier et de Saint-Amour, on ne doit pas s'étonner qu'il se soit également mépris à propos de l'Albe de Wurtemberg, dont il ne parle, évidemment, que de souvenir.

7° Le petit massif porphyrique de Chagey, qui est aujourd'hui singulièrement écorné par la nouvelle route de Chenebier, se trouve en contact immédiat avec un calcaire dévonien très-dur et très-dysgéogène. Il est d'ailleurs rempli de veines de calcaire spathique produisant une vive effervescence avec les acides, ainsi que me l'a montré feu le professeur Schnitzlein, d'Erlangen, que j'avais conduit dans cette localité.

Fontaine, est recouvert de lambeaux d'un diluvium argilo-sableux où domine un sable siliceux très-fin et qui renferme quelques grains de minerai de fer. Ce diluvium ne fait aucune effervescence avec les acides. Il se reconnait de loin aux touffes de *Sarothamnus* qui le recouvrent entièrement, et qui forment comme une bruyère épaisse, contrastant singulièrement avec la flore toute jurassique des plateaux environnants. On rencontre aussi çà et là les *Calluna vulgaris, Rumex Acetosella, Hypericum humifusum, Gypsophila muralis, Filago germanica* sur de petits lambeaux diluviens disséminés dans la direction de Villars-sous-Ecot.

(1) *Note sur la flore calcifuge de l'Albe de Wurtemberg ;* dans les *Comptes-rendus de l'Académie des sciences*, t. LXXXVI (1878), p. 500.

Les détritus font également effervescence. J. Kœchlin-Schlumberger, qui donne la coupe géologique du massif (1), considère la roche porphyrique comme un grès métamorphique stratifié, passant à un mélaphyre riche en feldspath labrador, et renfermant des cristaux de pyroxène. Or ces deux minéraux produisent, en se décomposant, une quantité notable de carbonate de chaux, dont l'effet vient s'ajouter à celui du calcaire spathique qui remplit les fissures. Il y a donc une grande analogie entre le mélaphyre de Chagey et la dolérite du Kaiserstuhl, comme on le verra bientôt, et, dans les deux localités, j'attribue au calcaire résultant de la décomposition de la roche la présence des plantes du calcaire.

8° D'après M. Parisot (2), « si l'on cherche quels « sont les éléments constitutifs de la dolérite (du « Kaiserstuhl) et quels sont les produits de sa désa- « grégation..., on voit : 1° qu'elle est composée de « labrador et de pyroxène, deux corps dans lesquels « le silicate d'alumine est associé à des silicates ter- « reux, à l'exclusion des combinaisons de silice et « d'alcali ; 2° qu'en se décomposant par l'action de « l'eau et de l'air, les silicates calcaires sont transfor- « més en carbonates, ce dont il est facile de se con- « vaincre par la vive effervescence que produisent « les acides sur la terre végétale dans toute l'étendue « du Kaiserstuhl. Les dolérites agissant de la même « manière que le calcaire jurassique, et donnant, « comme produit principal de leur décomposition, le « carbonate calcaire, qui est l'élément que les plantes « calcaréophiles recherchent dans le sol, on ne doit « pas s'étonner de la présence constante de ces « plantes sur ce genre de roches. »

<hr>

(1) *Le terrain de transition des Vosges*, par MM. J. Kœchlin-Schlumberger et W. Ph. Schimper, p. 3 et suiv. Strasbourg, 1862.
(2) *Bulletin de la Société botanique de France*, 1858, t. V, p. 539.

Ainsi se trouve réduit à néant le fait le plus capital invoqué à l'appui de la théorie de Thurmann. J'ajouterai que les assertions de M. Parisot ont pu être contrôlées par les membres de la Société botanique de France qui herborisèrent, sous sa direction, le 21 juillet 1858, dans les montagnes du Kaiserstuhl. M. Parisot m'a en outre affirmé que les plantes du calcaire sont principalement groupées dans les lieux où la dolérite se trouve le plus désagrégée.

III.

FAITS DÉMONTRANT LA PRÉPONDÉRANCE DE L'ACTION CHIMIQUE DU TERRAIN.

On voit que la théorie de l'influence physique du terrain n'est pas sortie victorieuse de l'épreuve à laquelle nous venons de la soumettre. Les considérations et les faits qui vont suivre ne militent pas davantage en sa faveur.

1° Si nous examinons le fond même de la doctrine, en mettant de côté, autant que possible, toute idée préconçue, nous sommes surpris de voir que Thurmann n'indique point de roches dysgéogènes dans les sols quartzeux et feldspathiques. Il y a cependant des granites, des gneiss, des quartzites aussi rebelles à la désagrégation et aussi parfaitement inaltérables que les calcaires les plus durs; ils ne sont recouverts d'aucun détritus minéral, et les rares végétaux qui y prennent racine ne se rencontrent guère que dans les fissures de la roche, et se trouvent exactement dans les mêmes conditions que les espèces saxicoles des escarpements coralliens du Jura.

2° Nous sommes également surpris que Thurmann ne cite aucune plante hygrophile sur le calcaire, quoique plusieurs, et notamment : *Ranunculus lanugino-*

sus, *Arabis alpina, Mœhringia muscosa, Bellidiastrum Michelii, Campanula pusilla*, se plaisent dans les lieux humides et sur les sols détritiques. Le *Mœhringia muscosa* du Jura, qui ne se rencontre jamais que près des ruisseaux et des cascades, recherche les stations aquatiques presque autant que le *Montia rivularis* des Vosges ou du plateau central. Évidemment ces plantes sont hygrophiles. Si on ne les trouve jamais sur le granite et sur les roches siliceuses eugéogènes, c'est parce que ces roches les repoussent. En tout cas, l'état physique du sol et son degré d'humidité sont ici hors de cause.

3° Si les plantes de la silice (hygrophiles) étaient fixées dans les sols meubles et profonds (eugéogènes) parce qu'ils sont tels et non parce qu'ils ont une composition minéralogique déterminée, elles devraient se rencontrer sur les calcaires sableux et sur les dolomies désagrégées, ce qui n'arrive jamais. J'appelle donc l'attention sur le fait suivant.

Aux abords du plateau central de la France, et sur les limites du Poitou et du Limousin, le calcaire jurassique appartenant à l'étage de l'oolithe inférieure se transforme souvent en une dolomie jaunâtre, tantôt dure et compacte, tantôt désagrégée en sable fin composé de petits rhomboèdres. C'est donc un sol eugéogène psammique par excellence. Quoique la roche sableuse occupe rarement des surfaces horizontales, et qu'elle ne se montre guère que sur la tranche des couches au bord des vallées et dans les coupures des routes et des chemins de fer, elle offre néanmoins à la végétation spontanée des stations nombreuses et étendues. Voici la liste complète des plantes que j'ai observées sur cette dolomie désagrégée à Lussac et à Lhommaizé (Vienne) en octobre 1874 : *Ranunculus gramineus, Alyssum montanum, A. calycinum, Dianthus prolifer, D. Carthusianorum, Arenaria con-*

*troversa , A. serpyllifolia , Helianthemum vulgare,
H. pulverulentum , H. salicifolium, Hypericum perforatum , Erodium cicutarium , Trifolium pratense,
Onobrychis sativa, Ononis Natrix, O. Columnæ, Medicago Lupulina , Trinia vulgaris , Falcaria Rivini,
Eryngium campestre, Seseli montanum, Daucus Carota , Sedum album , S. acre , Asperula Cynanchica,
Scabiosa Columbaria, Achillea Millefolium, Erigeron
acris, E. canadensis, Carduncellus mitissimus, Cirsium
arvense , C. acaule , Centaurea Scabiosa , Cichorium
Intybus , Lactuca saligna, Chondrilla juncea, Leontodon hastilis , Crepis virens , Hieracium Pilosella,
Convolvulus arvensis , Echium vulgare , Linaria supina , Salvia pratensis , Stachys recta , Clinopodium
vulgare , Thymus Serpyllum , Verbena officinalis ,
Plantago lanceolata, P. Coronopus, Polycnemum arvense, Carex humilis, Andropogon Ischæmum, Panicum sanguinale, Setaria viridis, Cynodon Dactylon,
Kœleria cristata, K. setacea, Festuca pseudo-myuros,
F. rigida, F. ovina, Bromus sterilis, Brachypodium
pinnatum, Lolium perenne.*

Toutes ces plantes sont celles du calcaire ou
sont indifférentes; aucune ne fait partie du groupe
de la silice. Je n'excepte pas même le *Festuca
pseudo-myuros*, presque aussi répandu sur le
calcaire que sur la silice, au moins dans le centre
et dans le midi de la France. Sur beaucoup de
points la dolomie sableuse est recouverte d'un diluvium exclusivement occupé par les plantes de la
silice, au nombre desquelles : *Ulex nanus, Sarothamnus, Centaurea nigra, Jasione montana, Calluna, Erica
cinerea, E. scoparia, Rumex Acetosella, Aira flexuosa,
Aira caryophyllea, A. præcox, Pteris aquilina,* etc.
Dans la tranchée de Lhommaizé, les *Sarothamnus,
Centaurea, Rumex, Aira flexuosa, Pteris,* envahissent
les remblais empruntés au diluvium , et arrivent à

quelques pas des dolomies, sur lesquelles aucune de ces espèces ne s'aventure. Il y a donc ici contact immédiat ; et quand on voit de si nombreux exemples d'affleurements siliceux, calcaires ou salins complètement isolés au milieu de terrains d'une nature différente, et cependant recouverts de la végétation qui leur est [propre, on ne devine pas pourquoi les semences des plantes de la silice, en contact avec la dolomie sableuse du Poitou, ne s'y développeraient pas, s'il leur suffisait de rencontrer un sol eugéogène psammique.

4° Si les plantes du calcaire (xérophiles) étaient fixées sur les rochers arides (dysgéogènes), parce qu'ils sont tels et non parce qu'ils ont une composition chimique déterminée, elles devraient se rencontrer sur les quartzites compactes, ce qui n'arrive point. La Montagne-blanche est un filon de quartzite très-pur, dont la crête dentelée fait une saillie remarquable au milieu des gneiss du plateau central, à environ 4 kilomètres au sud-est du Dorat (Haute-Vienne). Extrêmement résistante et dysgéogène et d'un blanc éclatant, la roche a une telle dureté, qu'on en charge les routes à une assez grande distance. Elle ne produit aucun détritus ; aussi la flore est-elle très-pauvre, les rares espèces qui la composent ne pouvant guère s'enraciner que dans quelques fissures. Voici la liste complète des plantes que j'ai notées en juin 1869 : *Sarothamnus scoparius, Galium saxatile, Filago minima, Arnoseris pusilla, Jasione montana, Erica tetralix, E. scoparia, Digitalis purpurea, Rumex Acetosella, Aira flexuosa, A. caryophyllea, A. præcox, Festuca pseudo-myuros, F. sciuroides, Nardurus Lachenalii, Pteris aquilina, Polypodium vulgare.* Sauf la dernière, qui préfère cependant les sols siliceux, toutes ces plantes sont des caractéristiques exclusives de la silice ; cependant elles croissent sur une roche infiniment plus dure, plus inaltérable, plus dysgéogène, en un mot, que toute espèce de calcaire. Ici encore, la théorie de l'influence physique se trouve en défaut.

5° La phonolite est une roche dysgéogène par excellence. Souvent divisée en prismes à la manière des basaltes, ou en dalles minces qui résonnent sous le marteau comme le ferait une enclume, elle ne peut retenir l'eau pluviale, et demeure aussi sèche que les calcaires jurassiques les plus durs. Aussi énergiquement que ces derniers elle résiste à la désagrégation superficielle pulvérulente, et ne produit aucun détritus arénacé; elle donne seulement des débris anguleux, qui s'accumulent en talus au pied des escarpements. Cependant les phonolites de l'Auvergne, du Velay et du Vivarais ont la flore de la silice. En juin 1864, j'ai recensé au sommet du Mézenc et dans les rocailles du pied de la montagne du côté des Estables : *Anemone Pulsatilla, Thlapsi alpestre, Teesdalia nudicaulis, Viola sudetica, Sarothamnus, Genista purgans, Trifolium spadiceum, Orobus tuberosus, Sanguisorba officinalis, Montia rivularis, Sedum annuum, Saxifraga granulata, S. stellaris, Chrysosplenium alternifolium, Chr. oppositifolium, Meum athamanticum, Galium saxatile, Valeriana tripteris, Arnica montana, Leontodon pyrenaicus, Jasione montana, Phyteuma hemisphæricum, Vaccinium Myrtillus, Arbutus Uva-ursi, Gentiana Pneumonanthe, Poa sudetica, Lycopodium Selago*, etc., toutes caractéristiques de la silice; auxquelles se joignent un grand nombre de plantes alpestres ou montagneuses généralement indifférentes, telles que : *Trollius europaeus, Ranunculus aconitifolius, Cardamine resedifolia, Trifolium alpinum, Alchemilla alpina, Gentiana lutea, Polygonum viviparum, Orchis nigra, Veratrum album*, etc. Comme la phonolite

est un feldspath du groupe de l'orthose, avec zéo-
lites intimement mélangées, elle ne renferme pas
de chaux ; et quand bien même elle se trouverait désagrégée, elle ne pourrait, comme la dolérite, admettre
la flore du calcaire.

6° Dans les environs de Montbéliard, la vallée de
la Savoureuse et celle de l'Allan sont occupées par
des alluvions sablonneuses et caillouteuses provenant
des Vosges et des collines sous-vosgiennes, et consistant uniquement en débris quartzeux ou feldspathiques. A quelques kilomètres de distance, la vallée
du Doubs est occupée par des alluvions sablonneuses et caillouteuses provenant du Jura, et consistant uniquement en débris calcaires. Il est impossible de rencontrer deux terrains qui se ressem-
blent davantage sous le rapport de leur aspect, de
leur constitution physique, de la forme et du volume
des éléments dont ils sont composés ; mais, au point
de vue chimique, l'un est siliceux et l'autre calcaire.
Il est donc naturel que les flores contrastent au plus
haut point. Sur les alluvions de la Savoureuse et
de l'Allan, entre Belfort et Montbéliard, on trouve : *Nasturtium pyrenaicum*, *Dianthus Armeria*, *Arenaria rubra*, *Mœnchia erecta*, *Spergula pentandra*,
S. arvensis, *Potentilla argentea*, *Peplis Portula*, *Lythrum Hyssopifolia*, *Scleranthus perennis*, *Corrigiola
littoralis*, *Senecio viscosus*, *Trincia hirta*, *Myosotis
versicolor*, *Centunculus minimus*, *Rumex Acetosella*,
Cyperus flavescens, *C. fuscus*, *Carex brizoides*, *C.
stellulata*, *Aira caryophyllea*, *Triodia decumbens*,
Festuca pseudo-myuros, *F. sciuroides*, *Nardurus Lachenalii*, *Nardus stricta*, etc. Aucune de ces plantes
n'existe dans la vallée du Doubs, où l'on peut re-
cueillir, entre Audincourt et l'Ile : *Thalictrum silvaticum*, *Th. galioides*, *Fumaria Vaillantii*, *Erucas-
trum Pollichii*, *Silene noctiflora*, *Linum tenuifolium*,

Coronilla Emerus, C. varia, Spiræa Filipendula, Falcaria Rivini, Seseli Libanotis, Orlaya grandiflora, Peucedanum Chabræi, Carlina acaulis, Gentiana cruciata, Digitalis grandiflora, Veronica spicata, Teucrium montanum, Globularia vulgaris, Allium sphærocephalum, Andropogon Ischæmum, Phleum Bœhmeri, etc., qui manquent dans la vallée de la Savoureuse. Les deux sols étant au même degré eugéogènes psammiques et pélopsammiques, et leur état physique se trouvant absolument identique, la différence entre les flores ne peut avoir d'autre cause que la différence dans la nature chimique du terrain.

7° Comme de semblables exemples sont extrêmement significatifs, je citerai encore le contraste remarquable signalé par Michalet entre la flore des alluvions du Doubs, dans la partie inférieure de son cours, et celle des dépôts sablonneux et caillouteux de la Bresse. L'état physique des deux sols est le même; seulement l'un (alluvion du Doubs) renferme beaucoup de calcaire, et l'autre (Bresse) n'en contient point. La différence entre les flores « est tellement tranchée (1), qu'elle se manifeste « même entre deux champs *contigus* ne renfermant « chacun que des espèces annuelles mêlées aux « céréales. Celui qui appartient au dépôt bressan « donne : *Myosurus, Ranunculus Philonotis, Montia* « *minor, Gypsophila muralis, Sagina apetala, Sper-* « *gula arvensis, Veronica triphyllos, Galeopsis ochro-* « *leuca, Aira caryophyllea, Filago gallica, Panicum* « *glabrum,* etc.; tandis que le champ de l'alluvion « du Doubs présente : *Delphinium Consolida, Silene* « *noctiflora, Filago spatulata, Euphorbia falcata,* « *Adonis æstivalis* et *flammea, Fumaria Vaillantii,*

(1) *Histoire naturelle du Jura*, t. II, BOTANIQUE, p. 64 et 65.

« *Orlaya grandiflora, Lathyrus tuberosus, Vicia varia,*
« *Galeopsis angustifolia,* etc. Et toutes ces espèces
« s'excluent mutuellement à tel point, que, malgré
« l'emprunt de grains fait régulièrement par nos
« cultivateurs aux cultures de la Bresse, pour en-
« semencer les champs de l'alluvion moderne, on
« ne les trouve jamais hors de la nature du sol
« qu'elles affectionnent... Je ne puis, pour ma part,
« expliquer le contraste de ces végétations que par
» cette différence dans la nature et la propriété des
« éléments chimiques du sol. »

Le même observateur dit (1) que le *Gentiana cruciata* manque dans le sol siliceux de la Bresse, sauf
un point, à Beauvoisin, près de Chaussin, où des
débris calcaires se trouvent mêlés aux matériaux
diluviens.

L'exemple qui me reste à citer montre que les
plantes cryptogames obéissent à la loi commune.

8° D'après M. Lucien Quélet (lettre du 29 juillet
1875), la florule bryologique des terrains exclusivement siliceux du pied des Vosges (grès bigarré,
grès rouge, grauwacke, schistes ardoisiers, porphyres, syénite, etc.) diffère de celle des calcaires
et des tufs du Jura, au point que leurs espèces s'excluent d'une manière presque absolue. Entre autres
mousses silicicoles recueillies à Chagey (Haute-
Saône), mon savant ami signale : *Gymnostomum
rostellatum, Weissia fugax, W. crispula, Dicranella
squarrosa, Trichostomum convolutum, Didymodon
cylindricus, Grimmia ovata, Gr. montana, Gr. fu-
nalis, Hedwigia ciliata, Bryum alpinum, Brachy-
thecium albicans, Br. plumosum, Hypnum eugyrium,
Andraea petrophila, A. rupestris,* etc.; et sur les tufs
de Roches et de Blamont (Doubs), il indique : *Sys-*

(1) *Histoire naturelle du Jura,* BOTANIQUE, p. 229.

tegium crispum, Gymnostomum calcareum, G. tortile, Cynodontium polycarpum, Eucladium verticillatum, Trichostomum crispulum, Barbula fallax, Grimmia orbicularis, Bryum Funckii, Bartramia Œderi, Philonotis calcarea, Pseudoleskea catenulata, Orthothecium intricatum, O. rufescens, Hypnum commutatum, Seligeria tristicha, etc.

Eminemment poreux, friables et souvent désagrégés à une grande profondeur, les tufs du Jura constituent un sol eugéogène par excellence. Habituellement ruisselants de l'eau des cascades qui les a formés, ils offrent aux espèces hygrophiles des stations aussi humides que les terrains siliceux les plus détritiques, et cependant leur flore est celle du calcaire jurassique compacte. Les plantes phanérogames dont ils sont recouverts appartiennent au groupe des calcicoles. Une fois de plus la doctrine de l'action physique du terrain se trouve complètement en défaut.

Sans multiplier davantage les exemples, je crois pouvoir conclure de tout ce qui précède que l'influence chimique du terrain sur la végétation l'emporte de beaucoup sur l'influence physique, et que celle-ci ne vient qu'en seconde ligne. Bientôt j'essaierai de faire la part de cette dernière; mais, auparavant, je veux présenter de nouveaux arguments à l'appui de ma manière de voir et justifier mes hypothèses.

IV

FAITS DÉMONTRANT L'ACTION RÉPULSIVE DU CALCAIRE SUR LES PLANTES DE LA SILICE.

Le lecteur voudra bien se rappeler que j'ai supposé : 1° que les plantes du calcaire ont besoin de calcaire ; 2° que les plantes de la silice sont repoussées par le calcaire, sans avoir pour la silice ou pour toute autre substance une affinité particulière bien démontrée ; 3° que les plantes indifférentes ne sont point repoussées par le calcaire, mais ne le recherchent pas non plus. Il me reste à prouver et à expliquer cette action répulsive du calcaire, sur laquelle repose toute la théorie. Mais comme un débat de priorité a eu lieu à cet égard (1), on me permettra de tracer un rapide historique de la question (2).

A ma connaissance, M. Sendtner (3) est le premier botaniste qui envisage le problème à notre point de vue. Il dit que les eaux calcaires font périr les mousses des tourbières, comme le sel marin tue le sarrazin. Il proclame donc l'action nuisible de la chaux sur certaines plantes.

Cette influence nuisible est reconnue en 1858 par M. Parisot (4), qui s'exprime de la manière suivante : « Si les plantes des terrains siliceux, malgré « la présence des alcalis, qui existent en plus ou « moins grande proportion dans toute espèce de « sol, ne se rencontrent pas sur tous les terrains, « et principalement sur ceux dans lesquels le cal- « caire domine, c'est que le carbonate (en solution « à l'état de bicarbonate), par sa propriété de for- « mer des sels insolubles avec les acides organi- « ques, déplace tout ou partie des alcalis, et modi- « fie ainsi l'action assimilante des plantes.

(1) *Sur une revendication de priorité, etc.* ; dans les *Comptes-rendus hebdomadaires des séances de l'Académie des sciences*, t. LXXI (1875), p. 162.

(2) M. le docteur Saint-Lager, qui m'a obligé en maintes circonstances, a bien voulu me préparer les extraits des ouvrages allemands cités.

(3) *Die Vegetations-Verhältnisse Südbayerns*, Munich, 1854.

(4) *Notice sur la flore des environs de Belfort* ; dans les *Mémoires de la Société d'émulation du Doubs*. Besançon, 3e série, 1858, t. III, p. 78.

« L'assimilation du calcaire n'étant pas entravée
« par la présence dés alcalis, les plantes qui recher-
« chent cette base peuvent se développer sur tous
« les terrains qui en renferment. Nous avons vu,
« en effet, que les plantes des terrains calcaires
« sont beaucoup moins exclusives que celles des
« terrains siliceux, et qu'on les rencontre fréquem-
« ment sur les roches d'épanchement dans les-
« quelles entrent des feldspaths calcaires (les labra-
« dophyres), du pyroxène, de l'amphibole, etc. »

M. Parisot attribue, d'ailleurs, un rôle important
à la silice et à la potasse, qui fixent les plantes de
la silice comme le carbonate de chaux fixe celles
du calcaire ; en ce qui concerne la chaux, non seulement il en proclame l'action funeste, mais il cherche à l'expliquer.

En 1861, M. Milde (1) constate que plusieurs mousses, par exemple, les *Sphagnum*, les *Andræa*, le
Dicranum longifolium, le *Grimmia leucophæa*, etc.,
craignent la chaux ; en conséquence il les appelle
Kalkscheuen.

La même année, M. A. von Krempelhuber (2) dit
que la chaux peut être un poison pour les lichens
de la silice, et qu'elle n'exerce aucune influence funeste sur ceux du calcaire.

M. Juratzka (3) va plus loin, car il ne se borne pas
à professer que la chaux est un poison pour les
mousses, il pense en outre que la silice ne leur est
d'aucune utilité.

Encore plus explicite, M. Kerner (4) affirme que

(1) *Botanische Zeitung,* année 1861.
(2) *Die Lichenen-Flora Bayerns ;* dans les *Mémoires* (Denkschriften) *de
la Société botanique de Ratisbonne,* t. IV.
(3) *Zur Mossflora Oesterreichs ;* dans les *Actes* (Verhandlungen) *de la
Société botanique de Vienne,* t. XXIII, 1863.
(4) *Uber das sporadische Vorkommen sogenanter Schieferpflanzen in Kalks-
gebirge ;* dans le même recueil, même tome.

ses observations dans les Alpes calcaires et les expériences de cultures faites par lui dans le jardin botanique d'Insbruck lui donnent le droit de proclamer que ce n'est pas la présence de la silice, mais l'absence de la chaux qui rend possible, sur les schistes, l'installation des espèces dites *Schieferpflanzen*; il ajoute que la classification des plantes en *Kalk* et *Kieselpflanzen* (plantes de la chaux et de la silice) ou en *Schieferstete* (habitant le schiste), *Kalkholde* (amies de la chaux), etc., n'a aucune valeur, parce que celles du calcaire vivent très-bien dans un milieu complètement dépourvu de chaux, et que beaucoup de plantes des schistes dépérissent dans un sol calcaire ou dans un sol arrosé avec de l'eau calcaire. La chaux est donc un poison pour les plantes de la silice; et les expressions *Kieselpflanzen*, *Schieferpflanzen* doivent être rejetées et remplacées par d'autres plus précises, telles que *Kalkfeindliche*, *Alkalienfeindliche* (ennemies de la chaux, ennemies des alcalis). M. Kerner reconnait d'ailleurs que la chaux et le sel marin sont utiles aux plantes du calcaire et aux espèces maritimes, et, en somme, il ne fait la guerre qu'à ceux qui croient à l'existence d'espèces silicivores.

La plupart des publications subséquentes n'offrent plus le même intérêt. Je citerai néanmoins M. Molendo (1), qui pense que la chaux est nuisible à certaines mousses de la silice, et qu'il n'est nullement prouvé que celles des terrains calcaires aient besoin de cette base; il regarde comme une hypothèse l'opinion que les mousses se nourrissent de silice, et soutient que les substances minérales ne sont point un aliment pour les végétaux. M. Hoffmann (2) dit

---

(1) *Moos-Studien aus den Algaeuer Alpen.* Leipzig, 1865.

(2) *Untersuchungen zur Klima und Bodenkunde mit Rücksicht auf die Vegetation;* dans le *Botanische Zeitung*, 1865.

que les plantes de la silice, ou, plus exactement,
les plantes ennemies de la chaux sont celles pour
lesquelles la chaux est un poison; il ajoute que
l'analyse des cendres prouve qu'il n'existe point de
plantes de la chaux et que le mot *kalkpflanzen* doit
être rayé. M. Chatin (1) proclame implicitement l'action funeste du calcaire sur le châtaignier, qui ne
prospère pas dès que le sol renferme plus de 3 centimètres de chaux. — M. Weddell (2) attribue à une
action nuisible de la chaux la répulsion exercée
par le calcaire sur certains lichens de la silice, et
regarde les roches siliceuses comme un milieu inerte
et sans influence, servant de refuge aux lichens re-
poussés par les roches calcaires. Enfin, les savan-
tes études de MM. Fliche et Grandeau (3) complè-
tent la théorie et donnent une explication extrêmement vraisemblable (qu'on trouvera plus loin) des
faits jusqu'à présent signalés.

Maintenant je reviens à mon sujet. Mais il faut
d'abord réfuter une objection qui s'offrira probablement à l'esprit de plus d'un lecteur. On peut
douter, en effet, que le carbonate de chaux exerce
quelque influence sur la végétation, parce qu'il n'est
pas soluble dans les conditions ordinaires. Mais en
présence de l'acide carbonique, qui le transforme
en bicarbonate, il le devient au point que l'eau
peut en contenir jusqu'à 0,002 de son poids; quantité
plus que suffisante, si on la compare à celle du chlo-

(1) *Bulletin de la Société botanique de France*, 1870, t. XVII, p. 195.
(2) *Sur le rôle du substratum dans la distribution des lichens saxicoles;*
dans les *Comptes-rendus hebdomadaires des séances de l'Académie des sciences,*
1873, t. LXXVI, p. 1247; et *Les lichens du massif granitique de Ligugé;*
dans le *Bulletin de la Société botanique de France*, 1873, t. XX, p. 142.
(3) *De l'influence de la composition chimique du sol sur la végétation du
pin maritime;* dans les *Annales de physique et de chimie*, 1873, 4e série,
t. XXIX; et *De l'influence de la composition chimique du sol sur la végétation du châtaignier;* même recueil, 1874, 5e série, t. II.

rure de sodium renfermé dans les eaux de certaines mers. Encore les sables maritimes sont-ils incessamment lavés et dessalés par les pluies. Les eaux de la Caspienne ne donnent pas 0,002 de résidus solides de toute nature, et cependant elles repoussent la flore terrestre. Quoique les sources et les ruisseaux des contrées calcaires soient moins chargés de carbonate que l'eau qui parvient jusqu'aux racines des plantes en s'infiltrant dans un sol toujours riche en acide carbonique, leurs eaux se distinguent au premier abord de celles du granite par leur saveur fade et par leurs fâcheuses propriétés, qui en restreignent beaucoup les usages économiques. Toutes celles où le calcaire est en excès l'abandonnent, dès qu'elles arrivent à l'extérieur, sous la forme de stalactites et de concrétions diverses : c'est ainsi que le chenal du célèbre aqueduc du pont du Gard se trouve incrusté d'une stalagmite cristalline dont l'épaisseur atteint 6 décimètres en certains endroits. Il est donc impossible d'élever quelque objection valable contre la théorie, en disant que le carbonate de chaux n'exerce aucune action chimique puisqu'il est insoluble. Je vais montrer maintenant que ce sel empêche les plantes de la silice de s'installer sur les terrains calcaires.

Au premier abord, l'antipathie de toute une classe de végétaux pour un élément minéral peut sembler étrange ; et, sans doute, il répugne à quelques personnes d'admettre que le carbonate de chaux ait la faculté d'éloigner la nombreuse légion des plantes de la silice. Cependant nous pouvons, en quelque sorte, toucher du doigt une antipathie analogue. Je veux parler de celle des plantes terrestres pour le chlorure de sodium. S'il est indubitable que la flore maritime se trouve fixée au littoral parce que les espèces qui la composent ont besoin de sel marin, n'est-il pas aussi évident que les plantes terrestres se gardent d'empiéter sur le domaine des premières parce qu'elles redoutent le même sel, qui les repousse plus énergiquement que ne pourrait les attirer le calcaire ou la silice des rivages? Et pourtant la proportion de chlorure est insignifiante en comparaison de celle des autres principes minéraux que renferme le sol.

M. Péligot (1) dit qu'un très-petit nombre des plantes de la flore terrestre peuvent tolérer une quantité de soude, variable pour chaque espèce, mais toujours extrêmement faible en comparaison de celle qu'absorbent les plantes maritimes. Dans les terrains salés qu'on livre à la culture, les végétaux terrestres dépérissent sans absorber de chlorure de sodium, et ces terrains ne deviennent productifs qu'après avoir été dessalés par les pluies. La pomme de terre et les rares espèces qu'on peut cultiver dans les sables maritimes ne contiennent jamais de soude. Ces faits prouvent d'abord l'antipathie de la flore terrestre pour le sel marin, et ensuite la merveilleuse facilité que possèdent les plantes de choisir dans le sol, au milieu d'éléments très-divers, les matières qui leur conviennent, sans se laisser tenter par celles qui ne leur conviennent pas. Il est absolument certain que sans la présence du sel, les rochers, les pelouses, les sables, les vases maritimes offriraient à la végétation terrestre des stations identiques à celles qu'elle occupe dans l'intérieur des continents. J'ajouterai que les plantes indifférentes pour le chlorure de sodium sont fort rares. On peut à peine en citer une trentaine qui s'aventurent dans la zone accessible à l'eau salée.

_____

(1) *Comptes-rendus hebdomadaires des séances de l'Académie des sciences,* 1869, t. LXIX, p. 1269 ; et 1871, t. LXXIII, p. 1072.

Encore ne le font-elles pas impunément. Si quelques - unes, telles que *Glaucium luteum*, *Silene Otites*, *Tribulus terrestris*, *Eryngium campestre*, ne subissent aucune transformation, la plupart se distinguent, au premier abord, par une taille plus rabougrie, une teinte plus glauque, des feuilles plus charnues, etc. La répulsion est donc ici bien manifeste.

Celle que le calcaire exerce sur les plantes de la silice est aussi manifeste et aussi énergique. On les voit éviter le carbonate de chaux avec la circonspection que mettent les plantes terrestres à fuir le sel marin. Si les faits de constraste peuvent être expliqués quelquefois par l'hypothèse de la préférence de toutes ces espèces pour la silice, certains exemples mentionnés ci-dessus montrent le peu de fondement de cette manière de voir, et ceux qui me restent à citer le montrent encore mieux. Je me bornerai aux suivants :

1° *Basaltes de l'Auvergne*, etc. — Sur les coulées balsatiques de l'Auvergne, notamment à Chanturgue, à Gergovie, à la Serre, aux puys de Corrent, de Saint-Romain et dans les environs d'Aurillac, j'ai observé : *Anemone Pulsatilla*, *Helleborus fœtidus*, *Helianthemum Fumana*, *H. pulverulentum*, *Sarothamnus scoparius*, *Coronilla minima*, *Astragalus Monspessulanus*, *Montia rivularis*, *Chrysosplenium oppositifolium*, *Saxifraga granulata*, *Trinia vulgaris*, *Artemisia campestris*, *Centaurea maculosa*, *C. nigra*, *Jasione montana*, *Calluna vulgaris*, *Verbascum Lychnitis*, *Digitalis purpurea*, *Linaria striata*, *Stachys recta*, *Buxus sempervirens*, *Phleum Bœhmeri*, *Asplenium septentrionale*, etc., c'est-à-dire le plus singulier mélange des plantes de la silice et du calcaire, avec un nombre encore plus grand d'indifférentes, généralement xérophiles. Henri Lecoq avait fort bien constaté

cette large tolérance du basalte (1), « qui n'a pour
« ainsi dire aucune plante spéciale ; c'est un terrain
« chimiquement neutre, sur lequel on rencontre
« fréquemment les espèces du sol calcaire comme
« celles des terrains siliceux ». Or, le basalte se
présente sous différents aspects. Quand il est compacte et divisé en prismes, c'est une roche excces-
sivement dure et résistante, absolument comparable
au calcaire jurassique ou à la phonolite, et dysgéogène à l'excès. Mais il se décompose souvent, ou
bien encore il se montre à l'état de brèche, de
conglomérat tufeux et même sablonneux dans les
couches de cendres volcaniques et dans les anciennes coulées boueuses. Au point de vue minéralogique le basalte ne se distingue en rien de la
dolérite, étant formé, comme celle-ci, de pyroxène
augite, de feldspath labrador et de fer titané; seulement les cristaux ne peuvent se distinguer à l'œil
nu. Suivant les circonstances il fournit donc un sol
dysgéogène ou un sol eugéogène argileux et graveleux; tantôt il ne renferme pas de carbonate calcaire (basalte compacte), et tantôt il en contient des
quantités notables (basalte altéré), son mode de décomposition étant absolument le même que celui de
la dolérite.

Il faut donc s'attendre à trouver les plantes du
calcaire sur le basalte décomposé, et celles de la
silice sur la roche intacte. C'est, en effet, ce qui a
lieu.

M. Martial Lamotte m'écrivait, le 28 septembre
1875 :

« Les plantes calcioles habitent les champs basal-
« tiques, par conséquent là où le basalte est décom-

(1) *Études sur la géographie botanique de l'Europe, etc.* Paris, 1854. t. II,
p. 49.

« posé, ou du moins divisé en minces fragments ;
« peu végètent dans les fentes de la roche compacte
« (*Lactuca ramosissima, Teucrium Chamædrys*). Les
« *Helianthemum pulverulentum, H. Fumana, Astra-*
« *galus Monspessulanus, Coronilla minima, Trinia*
« *vulgaris* croissent sur les débris basaltiques cer-
« tainement mélangés à une portion quelconque de
« calcaire. Dans certains endroits peu élevés, où le
« basalte ne repose pas sur le calcaire, mais bien
« sur le granit (commune de Saint-Jacques d'Ambur),
« le froment est cultivé sur les terres qui le recou-
« vrent, comme dans les sols calcaires ; cette culture
« cesse à la limite du basalte, et celle du seigle la
« remplace.

« En général, tous les terrains volcaniques sont
« dans le même cas que le basalte. Dans la mon-
« tagne, la végétation des trachytes des phono-
« lites, des basaltes, des laves modernes est celle
« de la silice. Les laves modernes, les pouzzolanes,
« la domite de la chaîne des monts Dore sont cou-
« vertes de plantes silicicoles ; mais si les laves
« ont coulé sur le calcaire de la Limagne, la terre
« végétale qui s'est formée à leur surface fait alors
« effervescence ; les plantes calcicoles s'y établis-
« sent, et, à mesure que la lave avance sur le cal-
« caire, les silicicoles disparaissent... La coulée de
« Gravenoire, à sa sortie du granit, est couverte de
« châtaigniers et de plantes de la silice, parmi les-
« quelles domine le *Galeopsis ochroleuca* ; vers Beau-
« mont et au delà, les espèces calcicoles remplacent
« les silicicoles, et le *Galeopsis* disparaît. »

Le fait suivant confirme également mes conclusions relativement au rôle du basalte. La coulée
volcanique où sont établies les célèbres carrières
de Volvic consiste en une lave pyroxénique finement
vacuolaire, mais extrêmement dure et massive, et

parfaitement intacte. C'est à la fois une roche dysgéogène et une roche du groupe du basalte, puisqu'elle se compose de feldspath labrador et de pyroxène. Eh bien, sur cette lave absolument saine et inaltérée dominent les plantes de la silice. Voici la liste à peu près complète des espèces que j'y ai vues en mai 1864 : *Anemone Pulsatilla, Teesdalia nudicaulis, Arenaria rubra, Sarothamnus scoparius, Genista pilosa, Ribes alpinum, Scleranthus perennis, Valeriana tripteris, Filago minima, Senecio silvaticus, S. adonidifolius, Cirsium Eriophorum, Vaccinium Myrtillus, Myosotis hispida, Rumex Acetosella, Fagus silvatica, Orchis sambucina.*

J'ajouterai que M. R. Braungart (1) a fait des observations analogues dans la région basaltique de la Bohème, aux environs de Carlsbade. Il dit encore (2) que le trèfle et le froment prospèrent sur le gneiss gris du Bayerischewald, qui renferme des minéraux (hornblende, etc.) produisant du calcaire par leur décomposition, mais que le gneiss rouge, qui n'en renferme pas, ne tolère que le seigle et l'avoine.

Ainsi se trouve expliquée l'énigme si longtemps insoluble de la flore du basalte. Les plantes de la silice (hygrophiles de Thurmann) ne se rencontrent que sur la roche compacte et dysgéogène qui ne contient pas de chaux libre et assimilable, et celles du calcaire (xérophiles) s'attachent de préférence au basalte désagrégé, qui renferme de la chaux et devient alors remarquablement eugéogène. Or, la théorie de Thurmann enseigne précisément le contraire.

(1) *Geobotanisch-Landwirtschaftliche Wanderungen in Böhmen;* dans le *Jahrbuch für öster-Landwirthe,* année 1879.

(2) *Giebt es bodenbestimmende Pflanzen?* dans le *Journal für Landwirtschaft,* année 1879.

Si les faits dont il vient d'être question témoignent contre la doctrine de l'influence physique du sol, on peut tout aussi bien les invoquer en faveur de l'hypothèse de l'action répulsive du calcaire. L'exemple du grès de Fontainebleau témoigne dans le même sens. Dans les deux contrées, en effet, nous n'avons pas à considérer deux sols différents : à Fontainebleau comme en Auvergne il n'y a qu'un seul et même terrain, essentiellement siliceux, ne tolérant les plantes du calcaire que lorsqu'il se charge de carbonate de chaux, et les admettant en nombre d'autant plus considérable qu'il renferme davantage de cette substance. Ce dernier point me semble nettement établi, au moins pour les basaltes et les laves de l'Auvergne. Mais, sur ces mêmes sols, la flore du calcaire exclut celle de la silice. Je ne vois pas qu'on puisse expliquer cet antagonisme autrement que par l'hypothèse d'une action nuisible et répulsive exercée par le carbonate de chaux, la roche ne contenant aucun autre principe auquel on soit en droit d'attribuer une influence quelconque. Il n'est pas possible de prétendre que sur ces terrains la silice fixe les plantes de la silice et la chaux les plantes du calcaire, puisque ce minéral ne s'introduit habituellement que pour la proportion de quelques centièmes dans le sol siliceux. Autant vaut dire que la silice n'exerce aucune influence, si son action peut se trouver masquée et annulée par celle d'une quantité de chaux si minime.

2° *Ligourite de la Haute-Vienne.* — « Le terrain « porphyrique désagrégé, peu substantiel, d'un « brun rougeâtre, connu sous le nom de *ligou-* « *rite,* et traversé en divers sens par les poéti- « ques rivières la Roselle, la Briance et la Li- « goure, présente une singularité remarquable : « on ne rencontre, sur la vaste étendue qui com-

« prend plusieurs communes ou portions de com-
« munes, ni la Bruyère, ni la Fougère (*Pteris aqui-*
« *lina*), plantes si généralement répandues dans nos
« contrées... Les Châtaigniers, du reste peu nom-
« breux, y ont un aspect languissant... Ce sol fria-
« ble et léger convient aux *Genista sagittalis, Po-*
« *tentilla verna, Sagina apetala, Epilobium lanceo-*
« *latum, Avena tenuis,* et généralement à toutes les
« espèces des terrains friables et légers. » Dans les
explications verbales qu'il a bien voulu me donner,
M. Lamy de la Chapelle, auteur des lignes qui
précèdent (1), n'hésite pas à attribuer à la chaux le
constraste si remarquable dont il est question. La
ligourite, en effet, est un porphyre amphibolifère qui
produit du calcaire en se décomposant, par suite de
la transformation en carbonate du silicate de chaux
de l'amphibole, et sans doute aussi du feldspath.
J'ai pu d'ailleurs constater, sur des échantillons de
M. Lamy, que la roche altérée fait une vive effervescence avec les acides, qui n'agissent point sur
la roche intacte.

Cet exemple me parait encore plus significatif que
les précédents. Pour une cause ou pour une autre,
et sans doute en raison de la grande distance qui
sépare la ligourite de toute contrée calcaire, les plantes de la chaux n'ont pu s'y installer. Il est aisé
de voir, en effet, que la flore des affleurements de
la Haute-Vienne ne se compose que des plantes
indifférentes répandues dans tout le plateau central. Mais les espèces de la silice font également
défaut. La répulsion est donc manifeste; on ne peut
l'attribuer qu'au calcaire.

3° Sables maritimes. — La flore terrestre envahit les

____

(1) *Plantes aquatiques de la Haute-Vienne, etc.* Limoges, 1868.

sables maritimes suffisamment éloignés des rivages pour se trouver complètement à l'abri de l'eau salée. S'ils ne sont pas absolument privés de sel, ces terrains n'en renferment plus qu'une quantité infiniment petite. Les plantes qui les recouvrent appartiennent, en immense majorité, à la catégorie des calcicoles ou des indifférentes ; les premières, évidemment fixées dans les stations de cette nature par la chaux provenant des débris de mollusques marins, peut-être aussi, comme le pense M. Gubler (1), fournie directement par l'eau de la mer. Mais les dunes sont quelquefois occupées par la flore de la silice. Je soupçonnai que le calcaire avait alors disparu, dissous à la longue par l'infiltration des eaux pluviales, qui entraînent toujours quelque peu d'acide carbonique. Ce qui donnait à cette hypothèse une très-grande apparence de probabilité, c'est que les pluies exercent une action analogue quand elles s'insinuent dans les calcaires désagrégés qui recouvrent la roche compacte sous-jacente. Dans les tranchées des carrières oxfordiennes et calloviennes des environs de Poitiers, on peut suivre aisément les progrès des infiltrations, qui finissent par abandonner leur calcaire, sous la forme de farine fossile ou de concrétions pulvérulentes, à une profondeur de 1 à 3 décimètres. Ces concrétions dessinent une zone blanche à peu près continue, dont l'épaisseur atteint plusieurs décimètres dans les lieux où affluent les eaux pluviales. Il était donc probable que quelque chose d'analogue devait se passer dans les dunes éloignées du rivage, et sur lesquelles les vents ne pouvaient plus entasser de nouveau sable coquillier. Mais ce n'était là qu'une simple présomption. Les

(1) *De la mer considérée comme source de calcaire pour les plantes du littoral* ; dans le *Bulletin de la Société botanique de France*, 1861, t. VIII, p. 131.

recherches auxquelles je me suis livré ont mis ce fait hors de doute.

Aux Sables-d'Olonne le sol géologique est le gneiss et la flore terrestre est calcifuge. Mais elle ne se compose plus que de plantes indifférentes et de calcicoles sur les sables voisins du littoral, où les acides produisent une vive effervescence. A quelques kilomètres au sud-est de la ville, aussitôt qu'on a dépassé la maison forestière, en suivant le rivage, on arrive à une prairie humide qui s'étend jusqu'au hameau de la Pironnière. Là pullulent, dans un sol composé de terre de bruyère fortement chargée d'un sable maritime purement siliceux : *Helianthemum guttatum*, *Polygala depressa*, *Ulex europæus*, *Genista anglica*, *Ornithopus perpusillus*, *Tormentilla erecta*, *Hydrocotyle vulgaris*, *Cirsium anglicum*, *Calluna vulgaris*, *Erica cinerea*, *E. scoparia*, *Rumex Acetosella*, *Schœnus nigricans*, *Aira canescens*, *Pteris aquilina*, etc. La plupart de ces espèces envahissent les petites dunes du voisinage, dont le sable n'est point effervescent ; mais il n'y a que les plus accommodantes, telles que *Sinapis Cheiranthus*, *Jasione montana*, *Schœnus nigricans*, *Aira canescens*, plus rarement *Pteris aquilina*, qui s'aventurent quelque peu dans la zone où l'acide commence à déceler la présence du calcaire.

Sans aller si loin, on peut voir que les sables où se rencontre en grande abondance le *Rumex Acetosella*, dans le voisinage du sémaphore, ne font point effervescence avec les acides.

Le bois de pins de la Garenne, à Fouras (Charente-Inférieure), est établi sur d'anciennes dunes fort rapprochées du rivage. Sous le couvert des pins le sable prend une teinte grise assez marquée. L'examen microscopique (auquel il est bon d'avoir souvent recours) montre que les petits grains de quartz sont alors mélangés à des parcelles de terreau noir. Sur ce point le sol ne produit aucune effervescence avec les acides. Mais à mesure qu'on se rapproche des dunes plus découvertes qui bordent la côte, le sable devient plus blanc et plus calcaire. On voit bientôt disparaître toute la flore silicicole, et notamment les *Cistus salvifolius, Helianthemum guttatum, Ulex europæus, Cirsium anglicum, Erica scoparia*, qui abondent dans la forêt. Moins difficile sur le choix du milieu, l'*Aira canescens* pénètre dans la zone calcaire et ne s'arrête qu'à la limite où les plantes de la flore maritime annoncent la présence du chlorure de sodium ; le *Pteris aquilina* s'aventure également dans la même zone, mais il n'y est plus représenté que par des individus isolés et rabougris, contrastant vivement avec les magnifiques spécimens qu'on rencontre en abondance sous les pins.

C'est peut-être dans la région des dunes de la Coubre (Charente-inférieure) que les contrastes sont les plus nombreux et les plus faciles à saisir. Si l'on pénètre dans la forêt par la Baraque, en suivant le chemin à chariots qui passe devant l'habitation Lecoq (si hospitalière à l'étranger qui s'aventure dans ces solitudes !), on marche constamment dans le sable très-meuble et très-fin des anciennes dunes. Dans la première partie du trajet, c'est-à-dire sur un parcours d'environ 2 kilomètres, le sol de la forêt ne fait pas effervescence avec les acides. On y trouve, en extrême abondance : *Cistus salvifolius, Helianthemum guttatum, Ulex europæus, Sarothamnus scoparius, Jasione montana, Calluna vulgaris, Erica cinerea, E. scoparia, Polypodium vulgare, Pteris aquilina*, etc. A la sortie du bois toutes ces plantes disparaissent brusquement, et alors il est facile de constater que le sable renferme du calcaire.

Je pourrais encore citer un grand nombre de faits

analogues, mais ce qui précède doit suffire pour justifier l'exactitude des conclusions que j'avais tirées de l'étude des sables maritimes. Ici encore les choses ne sauraient être interprétées de deux manières différentes : c'est le même sol, c'est le même sable quartzeux, partout d'une grande pureté et d'une grande homogénéité, qui admet ou qui repousse les plantes de la silice suivant qu'il se charge plus ou moins de calcaire.

4° *Culture du Châtaignier*. — Ce bel arbre ne peut croître que dans les terrains privés de chaux ; aussi est-il regardé, avec raison, comme une des meilleures caractéristiques des sols siliceux, quelle qu'en soit d'ailleurs la nature géologique. Dans le plateau central de la France, on le rencontre presque indifféremment sur le gneiss et les schistes cristallins, le granit, les divers porphyres, les roches volcaniques, les schistes ardoisiers, les grès quartzeux ou feldspathiques, le sable pur ou mêlé d'argile et d'oxyde de fer, le diluvium limoneux ou caillouteux, les alluvions sablonneuses ou argileuses ; en un mot, il prospère sur toute espèce de sol, à condition qu'on n'y trouve point de calcaire. Dès que ce minéral commence à paraître, le châtaignier ne se montre plus que fort disséminé ; il devient chétif et cesse de produire si la proportion de calcaire augmente, et lorsqu'elle dépasse certaines limites, la culture en devient impossible. D'après M. Chatin (1), « si le châtaignier peut encore être cultivé dans une « terre contenant de 1 à 2 centièmes de chaux, il se re- « fuse à croître, au moins d'une façon rémunératrice, « quand la proportion de la chaux atteint à environ 3 « centièmes. » Ces chiffres doivent inspirer toute confiance, car ils sont déduits d'analyses de terrains va-

_____

(1) *Bulletin de la Société botanique de France*, 1870, t. XVII. p. 195.

riés, provenant de localités souvent fort éloignées les unes des autres. On voit aussi que M. Chatin proclame, au moins implicitement, l'action nuisible du calcaire, puisqu'il reconnaît qu'une très-faible proportion de chaux empêche la culture du châtaignier.

De ce qui précède on peut tirer des conclusions d'une importance décisive en faveur de ma thèse. S'il est permis d'admettre, à la rigueur, qu'une action directe de la silice fixe le châtaignier sur le sol siliceux, on ne voit pas d'autre substance que la chaux qui puisse l'en expulser. Beaucoup d'observations, beaucoup d'analyses de terrains montrent que la silice peut se trouver associée à toute espèce de minéral (alumine, oxydes métalliques, etc.), dans les proportions les plus variables, sans qu'elle cesse, pour autant, de nourrir le châtaignier et son cortège habituel de calcifuges, qui ne se retirent que devant la chaux. Bien plus, les mêmes analyses nous portent à douter fortement de l'influence de la silice. La terre à châtaigniers du Poitou est une argile très-fine, chargée de fer, mais ne contenant que peu de sable quartzeux; elle produit les arbres les plus magnifiques. A la Vente-du-Désert (1), le sol, que M. Chatin est porté à admettre comme type de « bonne terre à châtaigniers », renferme à peine 13 centièmes de silice, contre environ 83 centièmes d'argile et d'alumine et 1,20 de peroxyde de fer. N'est-il pas évident que si la terre à châtaigniers avait partout la même composition, on dirait que cet arbre recherche l'argile et non la silice? A mon sens il ne recherche ni l'une ni l'autre : comme toutes les calcifuges, le châtaignier se propage dans les sols où il se trouve à l'abri des effets nuisibles de la chaux, quelle que soit d'ailleurs la nature du milieu. Le plus souvent, il est vrai, la silice y abonde; mais c'est là

(1) *Loc. cit.*, p. 196.

une circonstance en quelque sorte fortuite, et les choses se passent de même quand d'autres substances neutres deviennent prédominantes.

5° *Chaulage.* — Cette opération, qui transforme en fertiles champs de céréales les landes si longtemps incultes de la Sologne, de la Vendée et du Limousin, nous fournit un de nos arguments les plus décisifs. Le résultat immédiat de l'introduction de la chaux est, en effet, la destruction radicale de toute la flore silicicole ; et les champs, naguère infestés par les *Myosurus, Teesdalia, Spergula, Mœnchia, Ornithopus, Montia, Corrigolia* et autres espèces de la silice, au nombre desquelles dominent de beaucoup le *Rumex Acetosella* et le *Pteris aquilina*, se couvrent de luxuriantes cultures, où l'on ne rencontre guère que les plantes habituelles des moissons. Mais la chaux s'épuise peu à peu ; et si on néglige de la renouveler, les plantes de la silice regagnent le terrain perdu : ce sont d'abord le *Rumex* et le *Pteris*, de plus en plus envahissants, et bientôt suivis de leurs compagnons habituels.

6° *Jardins botaniques.* — Les faits qui précèdent me paraissent démontrer d'une manière irréfutable l'action répulsive de la chaux. Néanmoins, comme on ne saurait trop accumuler les preuves, je veux encore appeler l'attention sur les renseignements, d'importance capitale, fournis par les expériences de culture.

Il est impossible d'installer certaines calcifuges dans les jardins établis sur un sol calcaire ou sur un sol qui renferme du calcaire. J'ai été le témoin des tentatives aussi persistantes qu'infructueuses de mon vieux maître Frédéric Wetzel pour introduire dans son jardin, à Montbéliard, le *Sarothamnus scoparius*, si commun et si prospère au pied des Vosges. M. Vernier n'a jamais pu conserver dans le jardin botanique de Porrentruy les plants de cet arbuste que je lui avais envoyés à diverses reprises. A la Mothe-Sainte-Héraye (Deux-Sèvres) M. Richard a vainement essayé de cultiver l'*Ulex europæus*, l'*Erica cinerea* et le *Calluna vulgaris* : semis répétés, plantations réitérées, rien n'a réussi, malgré les plus grands soins. Des *Erica cinerea* transplantés avec la motte n'ont pas prospéré davantage. Dans le jardin botanique de Poitiers on ne peut conserver les *Sarothamnus scoparius*, *Genista anglica*, *Calluna vulgaris*, *Erica cinerea*, *E. Tetralix*, *E. scoparia*, qu'en les renouvelant presque chaque année; encore prend-on la précaution d'entourer les pieds d'argile et de terre siliceuse. Dans une pelouse de ce jardin abondait l'*Anthoxanthum Puellii*; mais tous les spécimens se distinguaient, de fort loin, à leur teinte d'un jaune presque blanc et à leur aspect chétif. Ce gazon avait été semé. Au jardin botanique de Rochefort même insuccès : les *Ulex nanus*, *Sarothamnus scoparius*, *Erica cinerea*, *E. scoparia* sont languissants et décolorés, et doivent être incessamment renouvelés. Il en est sans doute ainsi partout où la terre renferme une certaine quantité de chaux. Au contraire, à Limoges les mêmes plantes se cultivent avec la plus grande facilité, et les jardiniers-fleuristes peuvent entretenir dans la terre ordinaire les *Erica*, les *Azalea* et les autres silicicoles qui exigent ailleurs la terre de bruyère. Mais à Limoges le sol est exclusivement granitique, tandis qu'à Poitiers la terre de l'école de botanique, prise dans la plate-bande au *Sarothamnus*, renferme 29,21 de carbonate calcaire, soit 16,36 de chaux ; et à Rochefort, recueillie dans les mêmes circonstances, la terre renferme 13,88 de carbonate, représentant 7,77 de chaux. Ce n'est donc pas le changement de conditions et d'habitudes, c'est la chaux, uniquement la chaux, qui exclut de certains jardins les plantes de la silice.

Je dois beaucoup insister sur les expériences de culture, et beaucoup les recommander aux botanistes qui peuvent disposer d'un terrain convenable. Il est évident que si un *Erica*, un *Sarothamnus*, d'abord prospère en terre de bruyère ou en terre siliceuse ordinaire, se décolore et dépérit dès qu'on introduit dans le sol du calcaire pulvérulent, on doit attribuer ce résultat à la chaux surajoutée. Et si les mêmes plantes demeurent vertes et vigoureuses lorsqu'on vient à remplacer le calcaire par l'argile, les oxydes métalliques et les autres minéraux inertes qui se rencontrent dans tous les terrains, on peut hardiment conclure que la chaux seule est nuisible aux plantes de la silice. Là me paraît être la vraie solution.

En résumé, il y a une flore *maritime* (1), fixée par le chlorure de sodium, et une flore *terrestre*, repoussée par la même substance. La flore terrestre se compose, à son tour, de plantes *calcicoles*, fixées par le calcaire, de plantes *calcifuges* (anciennes silicicoles), repoussées par la même substance, enfin de plantes *indifférentes*, qui ne sont ni attirées ni éloignées par le carbonate de chaux, et qui prospèrent sur tous les sols.

Ces catégories s'appliquent à toutes les familles du règne végétal. Nous avons vu que les Mousses et les Lichens suivent la loi commune. Les Champignons eux-mêmes ne font point exception, quoique les neuf dixièmes au moins de ces végétaux naissent directement de substances organiques à tous les degrés de décomposition. M. Quélet me signale comme calcicoles : *Lepiota Friesii, Tricholoma Irinus, Tr. personatus, Clitocybe Amarella, Collybia juranus, Psalliota angustus, Inocybe corydalinus, Hygrophorus penarius,*

---

(1) Je rappellerai que les espèces qui composent la flore maritime sont fréquemment désignées sous le nom de *halophytes* ou plantes du sel (du grec ἅλς, ἁλός, sel).

*Russula Sardonia, Boletus Satanas, Polyporus Monta-
gnei, Telephora atro-citrina, Lycoperdon velatum,
Scleroderma verrucosum, Hysterangium clathroides,
Tuber mesentericum, T. rapæodorum, Genea sphærica,
Morchella semilibera*; et comme silicicoles : *Ammanita
Eliæ, Tricholema Columbetta, Clitocybe Hirneolus,
Collybia distortus, Naucoria escharoides, Stropharia
luteonitens, Cortinarius violaceus, Gomphidius roseus,
Lactarius turpis, L. viridis, L. rufus, Russula Xeram-
pelina, Cantharellus Friesii, C. umbonatus, Boletus
cyanescens, Polyporus cristulatus, P. pes-capræ, Tele-
phora terrestris, Lycoperdon montanum, Scleroderma
vulgare, Rhyzopogon luteolus, Rhizina undulata,
Gyromitra esculenta, Onotica splendens.*

Les Algues manifestent non moins clairement
leurs préférences, et M. Saint-Lager (1) signale le fait
très significatif des Desmidiées et des Diatomées, qui,
dans les mêmes eaux, choisissent les unes le calcaire
et les autres la silice.

V

A QUEL DEGRÉ SE MONTRENT EXCLUSIVES LES PLANTES
DES DIVERSES CATÉGORIES.

1° *Flore maritime.*

Elle occupe exclusivement les terrains salés, qui ne
se rencontrent guère en France que sur le bord de la
mer, où elle dessine une zone variant en largeur suivant le relief de la contrée. En Normandie, dans les
environs de Boulogne, de la Rochelle et partout où la
côte est bordée de falaises à pic, il n'y a, pour ainsi

(1) *De l'influence chimique du sol sur les plantes ;* dans les *Annales de la
Société botanique de Lyon,* année 1876,

dire, aucune zone maritime, les végétaux caractéristiques ne pouvant s'attacher qu'aux parois verticales de la roche. Si les pentes sont plus adoucies, comme par exemple le long des côtes schisteuses ou granitiques de la Bretagne, de la Vendée, du Roussillon, la zone s'élargit quelque peu; mais, en raison de l'exiguïté de l'espace occupé par les plantes maritimes, il est presque impossible de discerner les aptitudes particulières de chacune d'elles. Pour des études fructueuses on est donc obligé de choisir des plages très-basses et des contrées plates, ne s'élevant qu'insensiblement au-dessus du niveau de la mer. Ces conditions se trouvent réalisées de la manière la plus heureuse dans le sud-ouest de la France; et les observations qui vont suivre sont le résultat de nombreuses explorations des rivages compris entre l'embouchure de l'Adour et celle de la Sèvre niortaise, ainsi que dans les îles de Ré et d'Oleron.

Cette zone maritime des contrées basses peut se décomposer à son tour en un certain nombre de bandes parallèles au rivage et parallèles entre elles, suivant que l'élément salin existe en plus ou moins grande quantité dans le sol. En général, ces bandes sont d'autant plus nettes qu'elles se rapprochent davantage de la mer, ou, en d'autres termes, que le terrain devient plus salé. Au fur et à mesure qu'on s'avance dans l'intérieur du pays, on les voit se confondre à leurs lisières de contact, de sorte que la démarcation ne peut s'établir entre elles que d'une manière générale et approximative. Enfin il est bien difficile de désigner exactement le lieu où s'arrête la flore maritime et où commence la flore terrestre, qui se pénètrent et se fusionnent plus ou moins sur leurs extrêmes limites.

Néanmoins, le plus souvent, on distingue d'abord une première zone, marine presque autant que maritime, et recouverte chaque jour par le flot. Quand le

fond est argileux, argilo-sableux et même rocheux,
elle nourrit une flore particulière, caractérisée par le
Spartina stricta, les *Salicornia* et d'autres Chénopodées; s'il est sableux ou caillouteux, elle demeure
stérile, le sol mobile et incessamment remanié par les
vagues n'offrant point d'assise fixe à la végétation.
C'est la *zone des vases*. Immédiatement en retrait commence une deuxième bande, qui reçoit encore toute
l'écume des eaux, et qui occupe la plage proprement
dite. D'habitude c'est la plus étroite. Généralement sableuse, caillouteuse ou rocheuse, elle se confond avec la
suivante à la rencontre des premières dunes et des pelouses envahies par l'*Ephedra distachya*. On pourrait
l'appeler *zone des plages et des rochers*. On y rencontre,
en grande abondance : *Cakile maritima*, *Arenaria peploides*, *Crithmum maritimum*, *Salsola Kali*, *Atriplex
crassifolia*, *Triticum junceum* et une foule d'autres
espèces regardées comme plantes maritimes par excellence. Beaucoup plus large que les deux premières réu-
nies, une troisième zone commence aux gazons à *Ephedra*, et s'étend fort avant dans les terres, quand le sol
reste bas et horizontal. C'est la *zone des dunes et des
prairies*. Elle n'existe point si le terrain s'élève brusquement au-dessus des eaux, ne fût-ce que de quelques
mètres. On voit, en effet, la flore terrestre s'avancer,
presque sans mélange, jusqu'au bord des falaises du
Boulonnais et de la Normandie, et même des petits
escarpements de gneiss de la Vendée et des falaises
déprimées de l'Aunis. Dans cette zone le sol est presque dessalé ; néanmoins le chlorure de sodium ne fait
pas absolument défaut, car il est entraîné fort loin
dans l'intérieur des terres par les vents humides qui
soufflent du large. Les plantes caractéristiques sont :
Silene Otites, *S. Portensis*, *Dianthus gallicus*, *Althæa
officinalis*, *Astragalus Bayonensis*, *Buplevrum tenuissimum*, *Centaurea aspera*, *Erythræa spicata* et beau-

coup d'autres qui se retrouvent souvent dans l'intérieur des continents, et dont la plupart recherchent les conditions climatériques des régions maritimes encore plus que l'élément salin.

Je dois me contenter de signaler ces trois zones principales; mais on pourrait indiquer une foule d'autres nuances, et, par exemple, subdiviser la zone des dunes, où, comme il est naturel, les plantes maritimes se montrent plus nombreuses au contact de la plage que sur la lisière de la flore terrestre. Ces plantes sont tellement délicates sur le choix du milieu, qu'il est facile de reconnaitre, à la seule inspection du tapis végétal, si le terrain est plus ou moins salé. Ainsi, le *Spartina stricta* envahit de ses gazons· serrés les vases recouvertes chaque jour par le flot, et ne se trouve que là. C'est donc une espèce marine autant que maritime; elle établit le passage entre la flore des rivages et celle du fond des mers, où vivent encore quelques phanérogames, telles que le *Zostera marina* et le *Posidonia Caulini*. Au contact du *Spartina*, mais un peu en arrière du côté du rivage, prospèrent les *Salicornia herbacea, S. fructicosa, Aster Tripolium, Glyceria maritima, Arenaria marginata, Chenopodium maritimum*, etc., souvent recouverts par les hautes marées, et recherchant les milieux imprégnés de sel. Une troisième nuance est indiquée par les *Atriplex portulacoides, Triglochin maritimum, Salsola Soda, Inula crithmoides, Suæda fructicosa, Plantago maritima, Hordeum maritimum*, qui recherchent aussi les vases fréquemment baignées par l'eau salée, mais qui peuvent s'installer sur les plages sablonneuses et sur les rochers où ne parvient plus que l'écume des vagues pendant les grosses mers. Ces espèces, qui appartiennent encore à la zone des vases, pénètrent donc quelquefois dans celle des plages et des rochers, où pullulent : *Matthiola sinuata*, *Cakile maritima*, *Arenaria peploides*, *Medicago marina*, *Eryngium maritimum*, *Crithmum maritimum*, *Convolvulus Soldanella*, *Statice Dodartii*, *Polygonum maritimum*, *Beta maritima*, *Atriplex crassifolia*, *Salsola Kali*, *Triticum junceum*, *Euphorbia Peplis*, *E. Paralias*, *E. Portlandica*, *Psamma arenaria*, *Galium arenarium*, *Linaria thymifolia*, etc. Les quatre dernières, toutefois, empiètent largement sur la zone des dunes, où s'aventurent plus ou moins toutes les caractéristiques de la zone des plages, dont aucune ne pénètre dans la région des vases. Dès qu'on aborde les premières dunes et les pelouses à *Ephedra*, on voit apparaître : *Cynanchum acutum*, *Crepis bulbosa*, *Ephedra distachya*, *Linaria arenaria*, *Artemisia maritima*, *Atriplex littoralis*, *Carex extensa*, *C. arenaria*, *Kœleria albescens*, *Festuca arenaria*, *Silene Otites*, *S. conica*, *Artemisia campestris*, *Vulpia bromoides*, etc. Les quatre dernières sont des plantes terrestres, qui recherchent cependant le climat, et peut-être l'air salin des côtes de l'Océan ; plusieurs, notamment *Cynanchum acutum*, *Linaria arenaria*, *Artemisia maritima*, *Vulpia bromoides*, se rencontrent dans la zone précédente. La région des dunes produit encore dans les lieux plus éloignés de la plage : *Pinus maritima*, *Tamarix anglica*, *Silene Portensis*, *S. Thorei*, *Dianthus gallicus*, *Pancratium maritimum*, *Astragalus Bayonensis*, *Medicago littoralis*, *Artemisia Absinthium*, *Centaurea aspera*, *Helichrysum Stœchas*, *Plantago arenaria*, etc., les trois derniers faisant également partie de la flore terrestre. Les prairies engagées dans la même zone nourrissent : *Althæa officinalis*, *Sonchus maritimus*, *Scirpus maritimus*, *Apium graveolens*, *Bupleurum tenuissimum*, *Erythræa spicata*, *Helminthia echioides*, *Trifolium maritimum*, *T. resu-*

pinatum, *Iris spuria*, etc., qui, presque tous, peuvent être revendiqués par la flore terrestre, dont le voisinage est annoncé par les *Lepidium ruderale*, *Senebiera pinnatifida*, *Smyrnium Olusatrum*, *Silybum Marianum*, *Erythræa pulchella*, *Chlora imperfoliata*, *Chenopodium ambrosioides*, *Myrica Gale*, *Scirpus Holoschœnus*, *Carex nitida*, etc.

Si les végétaux terrestres abondent dans la zone des dunes et des prairies, je ne connais guère que les *Scirpus maritimus*, *Sc. Rothii*, *Potamogeton pectinatus*, *Atriplex hastata*, et, à un moindre degré, *Atriplex patula*, qui s'aventurent sur les limites des vases. Fort restreint est également le nombre des plantes terrestres qui habitent les plages et les rochers de la deuxième zone ; à peine ai-je à citer : *Glaucium luteum*, *Tribulus terrestris*, *Eryngium campestre*, *Erodium Cicutarium*, *Polygonum aviculare*, *Ecballium Elaterium*, *Vulpia bromoides*, *Sonchus maritimus*, *Artemisia Absinthium*, *Thrincia hirta*, *Matricaria inodora*, *Senecio vulgaris*, *S. viscosus*, *Sonchus asper*, *Lotus siliquosus*, *Bromus mollis*, *Lolium perenne*. Si beaucoup pullulent au point qu'on doit les regarder comme absolument indifférentes entre la flore terrestre et la flore maritime, l'*Erodium* se distingue de fort loin à l'abondante villosité blanchâtre dont il est recouvert, et le *Matricaria*, à l'aspect sombre et luisant de ses feuilles, qui deviennent plus épaisses et plus charnues. Un grand nombre des végétaux terrestres de la troisième zone se reconnaissent de même à leur villosité exceptionnelle, à leur teinte glauque et à l'épaisseur de leurs feuilles. Je citerai, par exemple : *Raphanus Raphanistrum*, *Plantago lanceolata*, *P. Coronopus*, *Herniaria glabra*, *Passerina annua*, *Lotus corniculatus*, *L. siliquosus*, *Jasione montana*, *Samolus Valerandi*, *Bromus mollis*, *Lolium perenne*, etc. En résumé, une trentaine d'espèces de la flore terrestre s'aventurent dans les deux premières zones salées. Je ne parle pas de la troisième, où le sel fait presque défaut, et où la plupart des plantes continentales peuvent s'acclimater. Le chlorure de sodium repousse de même les plantes maritimes habituelles de la troisième zone, dont un très-petit nombre réussissent à s'installer dans la deuxième, et dont aucune ne parvient jusqu'à la première, où l'on ne voit que par exception quelque espèce des plages ou des rochers.

De tout ce qui précède on peut conclure que *le sel marin repousse avec la plus grande énergie les végétaux auxquels il n'est pas utile, et, en particulier, ceux de la flore terrestre, et qu'il y a fort peu de plantes indifférentes à son action.*

Ce premier point établi, nous avons à rechercher si le même minéral fixe avec une pareille énergie la flore maritime, puis à reconnaitre à quel degré les espèces qui la composent peuvent se passer de soude, et, par conséquent, se mêler avec celles de la flore terrestre. Mais nous nous heurtons tout d'abord contre une difficulté en apparence insurmontable. Il est presque impossible de savoir exactement où cesse d'agir le sel entraîné par l'atmosphère et où commence en réalité la flore purement terrestre. Nous devons ensuite éliminer l'influence de la station et celle de l'état physique du sol, les espèces psammiques les moins exclusives de la flore maritime accompagnant les sables et les dunes aussi loin que s'avancent ces dernières dans l'intérieur du pays. Il y a lieu également de faire la part du climat, attendu que les plantes méridionales qui n'ont pas besoin de beaucoup de chaleur pour accomplir toutes les phases de la végétation, mais qui redoutent le froid des hivers, rencontrent les conditions les plus favorables sur nos côtes de l'Ouest, où elles dépassent de plusieurs degrés la latitude à laquelle elles s'arrêtent dans l'intérieur des continents. C'est ainsi qu'on peut cultiver en Bretagne, et même dans la presqu'île de la Manche, l'arbousier, le laurier, le chêne vert, le liège, le myrte et beaucoup d'arbres qui ne supportent pas les hivers de Lyon. Il est donc quelquefois fort embarrassant de décider si telle espèce est bien maritime. Mais les inconvénients que je signale peuvent être en grande partie évités, si, au lieu de chercher à saisir une ligne de démarcation qui n'existe pas, sur le terrain, entre la flore terrestre et la flore maritime, on se contente de mettre hors de cause la troisième zone, ou au moins la lisière continentale de cette zone, véritable sol neutre sur lequel se donnent rendez-vous les espèces des deux flores. Il faut également éviter de faire entrer en ligne de compte certaines plantes, telles que *Glaucium luteum, Sonchus maritimus, Helminthia echioides, Smyrnium Olusatrum*, etc., dont le caractère maritime n'est pas nettement établi. Ces précautions observées, la comparaison entre la flore terrestre et la flore maritime devient facile, et l'on voit tout de suite que les représentants de celle-ci ne sont pas plus répandus dans l'intérieur du pays que les plantes terrestres dans les deux premières zones littorales. Le dépouillement des flores locales de la France indique au plus une vingtaine d'espèces maritimes installées à demeure fixe dans l'intérieur, loin des marais salants; et l'on sait que la plupart de celles qui se développent accidentellement à une certaine distance des côtes ne se maintiennent pas. Sans insister davantage sur tous ces faits, je n'hésite pas à affirmer que *la flore maritime n'empiète pas plus sur les limites de la flore terrestre, que celle-ci n'envahit le domaine de la flore maritime.*

Si nous nous en tenons à ces premières apparences, il peut sembler que la puissance attractive du chlorure de sodium pour les plantes maritimes égale sa puissance répulsive à l'endroit des plantes terrestres. Mais nous devons essayer de dégager le problème des éléments qui contribuent à l'obscurcir. Il importe notamment d'éliminer les influences de la nature physique du sol, de la station et de la concurrence vitale, qui agissent quelquefois de manière à contrebalancer et même à annihiler l'action du sel marin. Les expériences de culture me paraissent conduire au but que nous nous proposons d'atteindre, toutes les espèces des plates-bandes se trouvant dans les mêmes conditions de terrain, de station et de climat, et aucune n'ayant à redouter les empiètements de ses voisines.

Je dois avertir, toutefois, que ces expériences, telles qu'on les pratique généralement dans les jardins botaniques, sont rarement irréprochables, à notre point de vue. Le plus souvent on se propose uniquement de conserver les plantes étrangères, en employant toutes les précautions imaginables. On a donc soin d'arroser les espèces maritimes avec de l'eau salée. Cette pratique, qui date d'assez loin (1), n'est pas suivie au jardin botanique de Rochefort, où l'on se contente de l'eau du bassin central, également distribuée aux plantes de la flore terrestre. D'ordinaire cette eau n'est point salée;

---

(1) Linné écrivait le 22 novembre 1759 : « Hoc anno, post tot annorum « laboriosa tentamina, demum obtinui fructificationem *Nitrariæ Schoberi,* « quæ in *Flora Sibirica* Gmelini, tomo secundo, ad finem, sub *Osyride* « proposita est, cujus florem nullus in Europa viderit, licet in omnibus « hortis occurrat; nec ego obtinuissem nisi adjecissem ei sal culinare. » (*Lettres inédites de Linné,* recueillies par M. le baron d'Hombres-Firmas. Alais, 1860, p. 246.)

mais comme elle provient de la Charente, et qu'on ne la prend pas toujours au moment favorable du jusant, elle renferme quelquefois 50 centigrammes ou même un gramme de sel par litre. D'un autre côté, plusieurs espèces sont plantées dans du sable maritime introduit, à cet effet, dans les plates-bandes. M. le professeur Peyremol, de qui je tiens tous ces renseignements, me cite comme étant cultivés ou ayant été cultivés à l'école de botanique de Rochefort : *Salicornia fructicosa, Suæda fructicosa, Atriplex Halimus, A. portulacoides, Salsola Soda, Arenaria peploides, A. marginata, Hordeum maritimum, Eryngium maritimum, Crithmum maritimum, Frankenia levis, Convolvulus Soldanella, Armeria maritima, Artemisia maritima, Crambe hispanica, Cochlearia officinalis, Statice eximia, S. elata, S. maritima, S. monopetala, Ephedra distachya.* Toutes ces espèces, sauf l'*Hordeum* et les *Arenaria*, qui sont semés, proviennent de pieds transplantés. Celles dont les feuilles sont charnues, par exemple le *Crithmum*, les *Solsola*, arrivent rapidement à les avoir plus minces et plus petites; mais elles conservent presque toutes leur saveur salée. Le *Spartina stricta* et même l'*Aster Tripolium* semblent tout à fait réfractaires à la culture. Le savant directeur du jardin botanique ajoute qu'à Rochefort l'air est tellement salin, que les efflorescences des murailles humides sont de carbonate de soude et non d'azotate de chaux. Quoique fort précieux et fort instructifs à certains égards, les résultats obtenus dans de pareilles conditions, et à une si faible distance du littoral, ne paraîtront pas, aux yeux de beaucoup de personnes, absolument exempts de critique; aussi ai-je songé à me renseigner auprès des directeurs des établissements continentaux.

En raison de la proximité de la côte, le jardin de Montpellier n'est sans doute pas complètement soustrait à l'influence maritime; néanmoins les cultures s'y opèrent dans de bonnes conditions, puisque les plantes ne sont jamais arrosées avec de l'eau salée. On y entretient les espèces suivantes, qui persistent depuis longtemps : *Matthiola sinuata, Malcolmia littorea, Alyssum maritimum, Cakile maritima, Arenaria media, Linum maritimum, Crithmum maritimum, Eryngium maritimum, Crucianella maritima, Anthemis maritima, Cynanchum acutum, Convolvulus Soldanella, Statice Limonium, S. duriuscula, S. echioides, Plantago Cornuti, Atriplex portulacoides, Suæda fruticosa, Salsola Kali, S. Soda, Polygonum maritimum, Euphorbia Paralias, E. pubescens, Juncus maritimus, J. acutus*. Au contraire, on n'a jamais pu y introduire les *Salicornia*, l'*Inula crithmoides* et le *Diotis candidissima*. Quelques espèces à feuilles charnues les ont plus minces et plus petites. (Renseignements fournis par M. Ch. Martins, directeur.)

On cultive ou l'on a cultivé à Lyon 35 ou 40 espèces maritimes, la plupart exclusives ou presque exclusives (*Matthiola, Cakile, Frankenia, Statice, Suæda, Salsola*, etc.). Toutes sont arrosées avec de l'eau douce ordinaire et n'en souffrent nullement; cependant les Soudes et les autres Chénopodées reçoivent de l'eau salée pendant les mois les plus chauds. (Renseignements fournis par M. E. Faivre, directeur.)

Sur le catalogue des plantes cultivées au jardin de Grenoble, on distingue un nombre à peu près pareil d'espèces maritimes, la plupart également exclusives ou presque exclusives. Toutes prospèrent sans être jamais arrosées d'eau salée. (Renseignements fournis par M. J.-B. Verlot, jardinier en chef.)

A Toulouse on n'a jamais employé que l'eau douce ordinaire. L'*Aster Tripolium* réussit rarement; il en est de même du *Diotis candidissima* et du *Convolvulus Soldanella*. Le *Medicago marina* se maintient assez bien. Les *Salsola Tragus*, *S. Kali*, *Chenopodium maritimum*, *Eryngium maritimum*, *Scilla maritima* et les *Tamarix* fleurissent habituellement. Le *Frankenia pulverulenta* se reproduit spontanément. Tous les *Statice* (*sinuata*, *bellidifolia*, *latifolia*, *Limonium*, *monopetala*) se portent à ravir et fleurissent très bien, de même que les *Atriplex portulacoides*, *Suæda fruticosa*, *S. altissima*, *Salsola brevifolia*, *Camphorosma Monspeliaca*, *Kochia scoparia*, *K. prostrata*. (Renseignements fournis par M. Clos, directeur.)

Je dois ajouter que le *Crambe maritima*, ou chou marin, se cultive en grand dans certains pays. A plus forte raison en est-il de même du *Beta maritima*, qu'on s'accorde à regarder comme la souche de la betterave. Le *Matthiola incana*, le *Malcolmia maritima*, les *Tamarix* et beaucoup de *Statice* font l'ornement de nos jardins.

Tous les faits qui précèdent montrent clairement que, si dix ou douze espèces exclusives sont absolument rebelles à la culture, les autres s'en accommodent, le plus souvent, sans éprouver aucune modification. Beaucoup même prospèrent d'une manière surprenante, en cela comparables aux végétaux terrestres, qui se développent dans le sol riche et meuble des plates-bandes, au point qu'on éprouve parfois de la difficulté à les reconnaitre. A Rochefort, les *Inula crithmoides*, *Beta maritima*, *Statice monopetala*, *Suæda fruticosa*, *Salsola Soda*, etc. sont de la plus magnifique venue; à Toulouse, les *Statice* « se portent à ravir ». Il est bon de remarquer que toutes les espèces dont il a été

question sont des plantes maritimes par excellence,
et qu'elles appartiennent aux deux zones les plus
salées ; d'où l'on peut inférer que celles de la troisième zone supporteraient encore mieux la culture.
Toutes ces plantes ou presque toutes fleurissent,
et il est à supposer que la plupart fructifient. Je
n'ose pourtant affirmer absolument ce dernier point,
n'ayant pu faire par moi-même qu'un très-petit
nombre d'observations. J'ai vu cependant, en diverses circonstances, fructifier dans la terre ordinaire
les *Tamarix anglica, T. africana, Malcolmia maritima, Matthiola incana, Inula crithmoides, Euphorbia Portlandica, E. Paralias, Eryngium maritimum,
Hordeum maritimum, Cochlearia danica*. Les graines de certaines espèces, fortuitement disséminées
dans l'intérieur du pays, germent souvent et produisent des individus vigoureux. C'est ainsi que
M. Nouel a trouvé de très-beaux spécimens du
Salsola Kali dans les sables de la Loire, à Orléans.
J'ai vu moi-même, le long du chemin de fer de la
Vendée, et à plus de 60 kilomètres de la mer, de su-
perbes pieds d'*Eryngimum maritimum*, d'*Euphorbia
Portlandica*, de *Glaucium luteum* et d'*Euphorbia
Paralias* dans le sable apporté du voisinage de
l'Océan, mais, assurément, dessalé. Un pied de
Cakile maritima a levé dans mon jardin, à Poitiers,
où l'on avait jeté diverses graines. Parmi les *plantes de la guerre* observées dans la même ville,
ainsi qu'à Châtellerault, en 1871, se faisaient remarquer de nombreux spécimens de l'*Hordeum maritimum*, dont j'ai rencontré, plusieurs années de suite,
des pieds extrêmement touffus à la gare des Lourdines, près de Poitiers.

De tout ce qui précède on peut conclure que *le
sel marin n'est pas absolument indispensable à la
plupart des plantes maritimes*, ou, tout au moins,

que la plupart des plantes maritimes peuvent accomplir toutes les phases de leur végétation dans un milieu où le sel marin n'entre pas en plus forte proportion que dans la terre ordinaire.

Mais, s'il en est ainsi, pourquoi la flore maritime ne s'avance-t-elle pas dans l'intérieur des continents, pour se mêler plus intimement avec la flore terrestre? La réponse est facile : ce sont les circonstances extérieures, presque autant que l'absence de sel marin, qui produisent cet état de choses. Il ne faut pas oublier, en effet, que les essais de naturalisation réussissent rarement, quoiqu'on les entoure des plus grandes précautions, et qu'on choisisse toujours les espèces qui semblent le mieux convenir aux terrains où l'on se propose de les acclimater. Depuis la découverte de l'Amérique, un grand nombre de plantes des États-Unis sont cultivées dans les jardins de l'Europe tempérée, où elles rencontrent, à peu de chose près, leur climat natal; cependant, quoique plusieurs soient parvenues à s'installer çà et là, on cite au plus quelques plantes américaines, telles que l'*Erigeron canadensis*, le *Cactus Opuntia*, l'*Agave americana*, l'*Œnothera biennis*, l'*Amarantus retroflexus*, qui aient mérité les lettres de grande naturalisation (1). C'est à peine si Mougeot a pu

(1) Les *Senebiera pinnatifida*, *Heliotropium Curassavicum*, *Phytolacca decandra*, *Chenopodium ambrosioides* sont plus ou moins répandus sur nos côtes méridionales et occidentales; le *Galinsoga parviflora* abonde autour de Berlin, et le *Mimulus luteus*, autour de Strasbourg; plusieurs *Aster*, plusieurs *Solidago* se voient sur divers points; l'*Ilysanthes gratioloides* occupe les prairies humides des environs d' Nantes et d'Angers, et l'*Elodea canadensis* expulse les *Potamogeton* des eaux de la France centrale. Mais ce sont là des faits locaux, toutes ces espèces ne paraissant point envahissantes, sauf peut-être le *Galinsoga*, l'*Ilysanthes* et l'*Elodea*, dont il serait néanmoins téméraire de préjuger les destinées. La réussite des acclimatations semble dépendre aussi du tempérament particulier de chaque espèce : le *Statice Limonium* et l'*Hordeum maritimum*, plantes de la première zone, se rencontrent beaucoup plus souvent loin de la mer que la plupart des espèces de la deuxième zone.

introduire une ou deux Saxifrages alpestres dans les hautes Vosges, où elles ne gagnent point de terrain. Des innombrables semis effectués dans le Jura bernois par M. Vernier, ancien directeur du jardin botanique de Porentruy, il ne subsiste, à ma connaissance, qu'une seule espèce : le *Corydalis lutea*. Mes semis n'ont pas réussi davantage aux environs de Montbéliard. Les plantes exotiques qui s'étaient montrées en si grand nombre dans tous les lieux où campèrent nos troupes pendant la guerre malheureuse de 1870, ont partout disparu, après avoir fait naître, chez certains agronomes, des espérances que les événements n'ont point justifiées. Aucune des 50 ou 60 *plantes de la guerre* que j'ai observées à Poitiers, dans le pré du jardin de Blossac, n'a laissé de traces, quoiqu'il y en eût plusieurs qui sont indigènes de la contrée; notamment : *Rapistrum rugosum*, *Lepidium ruderale*, *Medicago Gerardi*, *Linum augustifolium*, *Malva Nicæensis*, *Amarantus retroflexus*, *Helminthia echioides*. C'est donc uniquement le genre de station qui n'a pas convenu à ces dernières. C'est également la station, puis le climat et la concurrence vitale (1), qui opposent des obstacles insurmontables aux tentatives de naturalisation les mieux conçues. Notons qu'il ne s'agit ici que de plantes terrestres à acclimater dans des terrains non salés. A plus

(1) La concurrence vitale me parait jouer le rôle le plus important ; c'est elle, à mon avis, qui empêche le plus efficacement la prise de possession du sol par les plantes étrangères. Toutes les invasions dont j'ai été le témoin, et notamment celle des *plantes de la guerre* à Poitiers, à Besançon et ailleurs, se sont effectuées sur la terre dénudée, où les nouveaux venus, trouvant le champ libre, ont pu s'installer à leur aise. Tous ou presque tous (par exemple les *Trifolium*, les *Medicago*, les *Melilotus*, l'*Hordeum maritimum*) ont parfaitement fructifié en 1871 ; cependant, l'année suivante, l'ancien tapis végétal s'est reconstitué, et les envahisseurs ont succombé dans la lutte.

forte raison, les mêmes obstacles viennent-ils s'opposer à l'introduction des espèces maritimes au milieu de la flore continentale. C'est à eux qu'on doit assurément attribuer, en grande partie, la séparation de la flore maritime et de la flore terrestre. Puisqu'il est bien prouvé que le sel marin, en certaine quantité, n'est pas absolument indispensable à la première, et que, d'un autre côté, les expériences de M. Peligot, ainsi que beaucoup de faits de dispersion témoignent de la répugnance absolue des plantes terrestres pour les milieux salés, on arrive à cette conclusion finale : *le sel marin repousse les plantes terrestres plus énergiquement qu'il ne peut fixer et attirer les plantes maritimes.*

Il serait intéressant de connaître la quantité de soude nécessaire pour expulser les plantes terrestres, et celle qui suffit pour fixer les plantes maritimes dans les zones salées. Malheureusement aucune expérience n'a été faite à cet égard sur les végétaux spontanés. On peut affirmer, toutefois, que la plupart des espèces maritimes se contentent d'une quantité d'alcali extrêmement faible. Du sable pris à Fouras, dans le haut de la plage, ne m'a donné, à l'analyse quantitative, que des traces de chlorure de sodium, quoique la flamme du chalumeau accusât fort nettement la présence de la soude. Ce sable était assez rapproché de la mer pour renfermer encore 20,15 de carbonate de chaux; il nourrit les *Cakile maritima, Eryngium maritimum, Convolvulus Soldanella, Salsola Kali, Triticum junceum* et d'autres plantes qui savent extraire une notable proportion de soude d'un milieu presque dessalé dans les circonstances ordinaires, mais qui peut se charger de sel quand les tempêtes y projettent l'écume des vagues. Quoique les plates-bandes du jardin botanique de Rochefort soient arrosées avec de l'eau parfois un peu salée, la terre végétale prise au pied du *Sarothamnus scoparius*, au mois d'août 1875, n'accusait aucune trace de soude au chalumeau à gaz; toutes les espèces maritimes que j'y ai vues à la même époque étaient de la plus belle venue. Même absence complète de soude dans plusieurs échantillons de *Salsola Kali*, provenant, les uns du département de Vaucluse, les autres des sables de la Loire près d'Orléans; dans tous les spécimens de l'*Hordeum maritimum* des Lourdines (Vienne) et de Châtellerault que j'ai soumis à l'analyse, et, ce qui est plus remarquable, dans les *Tribulus terrestris, Linaria thymifolia, Euphorbia Peplis, E. polygonifolia, Cenchrus racemosus* recueillis sur la plage même, à l'île d'Aix et à la pointe de Grave (Gironde), au milieu des espèces maritimes de la deuxième zone.

Je dois encore faire observer que la concurrence vitale, ou, pour employer le langage de M. Darwin, la lutte pour l'existence, n'est point un élément autonome, une cause *sui generis*, agissant directement, ainsi que peut le faire, par exemple, le climat ou l'état physique du sol. Elle n'est que la résultante et la traduction au dehors d'une foule de causes directes, qui s'unissent et se coalisent pour produire ensemble les effets qu'il est plus commode d'attribuer en bloc au combat pour l'existence. Si une espèce ne peut soutenir la lutte avec ses voisines, c'est évidemment parce qu'elle est moins robuste, ou moins prolifique, ou plus frileuse, ou plus délicate sur le choix du milieu et de l'alimentation, etc., etc. La concurrence vitale n'est donc que l'expression des qualités ou des défauts provenant de la nature intime, de l'organisation particulière de chaque espèce.

D'un autre côté, de très nombreuses analyses optiques de plantes récoltées dans toutes les parties de l'Europe m'ont permis d'établir que la plupart des espèces de la flore terrestre provenant de sols qui ne renferment pas de soude d'une manière apparente, colorent la flamme du chalumeau presque aussi fortement que beaucoup de celles de la flore maritime. Il résulte de tout ce qui précède, d'une part, que l'immense majorité des représentants de cette dernière se développe sur des plages où le sol existe à peine et où il fait souvent défaut ; que presque toutes prospèrent dans l'intérieur des continents, et que la soude n'est pas indispensable à plusieurs d'entre elles : d'autre part, qu'un grand nombre de plantes de la flore terrestre tolèrent quelque peu de soude, et que plusieurs se mêlent aux espèces de la flore maritime dans des terrains déjà manifestement salés. On peut en conclure qu'*il faut moins de soude pour fixer les plantes maritimes que pour expulser les plantes terrestres*.

2. *Flore terrestre.*

Elle occupe la vaste superficie des terres fermes, à l'exception des zones maritimes et des lieux où existent des sources et des inflorescences salines. Les contrastes qu'on y signale sont dus exclusivement à la chaux ; et comme le sol calcaire succède toujours brusquement au sol siliceux, la flore de la silice et celle du calcaire viennent se juxtaposer sans jamais se confondre, chacune dessinant avec une exactitude rigoureuse les affleurements du terrain qu'elle préfère. Ce n'est que dans des circonstances exceptionnelles, et quand la chaux s'introduit dans des milieux d'une autre nature (basaltes d'Auvergne et de Bohême, sables maritimes), qu'on peut observer une certaine confusion entre les deux flores; partout ailleurs, je le répète, elles contrastent vivement, sans se mêler en aucune manière. Le problème se réduit donc à examiner à quel degré sont exclusives les calcicoles et les calcifuges.

Il est bon de faire remarquer auparavant que *l'influence du sel marin est plus générale que celle de la chaux*. Parmi les 1700 espèces (nombres ronds) portées dans les listes de classement qui vont suivre, 140 sont maritimes et 1550 sont terrestres. De ces dernières, 150 au plus s'aventurent dans les zones salées, et peuvent être regardées comme indifférentes à l'action de la soude. Ce n'est pas le dixième des plantes cataloguées. Au contraire, sur les 1550 espèces terrestres, 780, c'est-à-dire plus de moitié, se montrent absolument indifférentes à l'action de la chaux. Il semble donc que l'influence des deux bases soit en raison de la solubilité de leurs sels. Cela ne veut pas dire, toutefois, que, lorsqu'elle agit, la chaux n'ait pas une énergie égale à celle de la soude. Je dois ajouter que mes listes de classement, renfermant, sans aucun choix, les espèces que j'ai rencontrées dans mes herborisations, représentent fidèlement l'état moyen de la végétation dans l'Europe tempérée.

Je reviens à la flore terrestre. Nous avons, dis-je, à rechercher à quel degré se montrent exclusives les calcicoles et les calcifuges.

Au premier abord la flore du calcaire semble plus accommodante que celle de la silice, puisqu'on la trouve installée quelquefois sur les porphyres, les basaltes, les dolérites, certaines laves, certains grès, certains sables, aussi bien que sur le calcaire pur. Mais on reconnaît bientôt que les apparences ont été prises pour la réalité, et que toutes ces roches contiennent une proportion notable de carbonate de chaux, qui provient de la décomposition de quelque minéral constitutif ou qui se trouve mécaniquement interposé. Cependant, même en tenant compte de ce qui précède, il me semble que les calcicoles sont moins exclusives que les calcifuges. Toutefois je m'exprime avec une certaine réserve, attendu que je puis uniquement spéculer sur les faits de contraste recueillis pendant mes herborisations, tandis que la solution complète et rigoureuse du problème exigerait des expériences de culture qui n'ont point encore été entreprises. En tout état de choses voici quelques-uns de ces faits :

1° Sur les plateaux jurassiques du Poitou et d'autres contrées, la flore de la silice s'avance au milieu de celle du calcaire aussi loin que s'étendent les lambeaux diluviens. Les moindres traînées, les plus minces nappes de transport, n'eussent-elles que quelques centimètres d'épaisseur, sont occupées par les plantes calcifuges. Comme exemples je citerai les coteaux boisés et rocailleux qui s'étendent des deux côtés de la nouvelle route de Poitiers à Gençais, aux abords de la tranchée du chemin de fer; puis les plateaux arides et dénudés qui bordent la voie ferrée d'Angoulême à Limoges au delà de la station du Quéroy. On y trouve les *Helleborus fœtidus*, *Cytisus supinus*, *Bupleurum aristatum*, *Globularia vulgaris*, *Teucrium montanum*, *T. Chamædrys*, *Hippocrepis comosa*, *Helianthemum pulverulentum*, *H. salicifolium*, etc., installés au milieu des *Ulex*, *Sarothamnus*, *Calluna*, *Erica*, etc. C'est un mélange réel, les plantes du calcaire étant souvent enracinées côte à côte avec celles de la silice, dans un diluvium qui ne fait aucune effervescence avec les acides. Il est vrai que la roche calcaire se trouve en contact presque immédiat; mais je me suis assuré que beaucoup d'individus appartenant aux espèces calcicoles se contentent du milieu qui nourrit les calcifuges. Mêmes observations dans les pâtures rocailleuses des environs de Vanzay (Deux-Sèvres), si improprement appelées, au moins dans leur état actuel, forêt de Chevet : les *Teucrium montanum*, *Globularia vulgaris*, *Polygala calcarea*, *Chrysocoma Linosyris*, etc., qui pullulent dans cette localité, suivent fidèlement les affleurements calcaires ; mais on les rencontre aussi, par exception, sur des lambeaux argileux qui ne font point effervescence. Cette plus large tolérance des calcicoles se remarque dans une foule d'autres circonstances, et nous aide à expliquer la présence plus ou moins accidentelle de certaines espèces, médiocrement exclusives, sur des roches qui ne renferment, pour ainsi dire, point de calcaire, telles que basalte compacte, sable quartzeux et même granit.

2° L'îlot granitique de Ligugé (Vienne), de toutes parts dominé par les assises calcaires de l'oolithe inférieure et du lias, nourrit, à côté des *Teesdalia nudicaulis*, *T. Lepidium*, *Arenaria rubra*, *Spergula pentandra*, *Monchia erecta*, *Ulex*, *Sarothamnus*, *Ornithopus*, *Orobus tuberosus*, *Montia*, *Filago minima*, *Andryala sinuata*, *Jasione*, *Erica*, *Digitalis purpurea*, *Rumex Acetosella*, *Aira caryophyllea*, *A. præcox*, *Nardurus Lachenalii*, *Asplenium septentrionale*, toutes espèces de la silice, les *Aquilegia vulgaris*, *Helianthemum vulgare*, *Arabis hirsuta*, *Coronilla varia*, *Seseli montanum*, *Cirsium lanceolatum*, *C. Eriophorum*, *Asperula Cynanchica*, *Stachys recta*, *Teucrium Chamædrys*, *Phleum Bœhmeri*, toutes calcicoles à divers degrés. Sur le granite de Carlsbade (Bohême), M. R. Braungart (1) signale un pêle-mêle encore plus remarquable. Au milieu des *Sarothamnus*, *Orobus tuberosus*, *Calluna*, *Jasione*, *Digitalis*, *Aira flexuosa*, *Asplenium septentrionale* et autres

(1) *Geobotanisch-Landwirtschaftliche Wanderungen in Böhmen*, loc. cit.

plantes de la silice est installée une très-nombreuse
colonie de plantes du calcaire, parmi lesquelles :
Thalictrum aquilegifolium, *Arabis hirsuta*, *Orobus
vernus*, *Coronilla varia*, *Conyza squarrosa*, *Cynanchum*, *Daphne Mezereum*, *Mercurialis perennis*,
Melica nutans. La liste des espèces de ce granite
est très-longue, et partant très-concluante ; on y
remarque autant de calcicoles que de calcifuges.

Il faut avouer que le botaniste qui se trouve subitement en présence de telles promiscuités éprouve
un singulier étonnement ; le doute ne tarde pas à
envahir son esprit, et il se demande avec anxiété
si le terrain exerce une influence réelle, et si les
lois auxquelles on a cru si longtemps n'existeraient
que dans l'imagination de ceux qui les ont inven-
tées. Cependant l'explication de ces anomalies ap-
parentes est bien simple. La voici en peu de mots :
dans tous les cas analogues, le sol renferme assez
de chaux pour suffire aux calcicoles, et n'en contient pas assez pour repousser les calcifuges.

La plupart de ces dernières, en effet, ne sont
exclues que par une proportion de 5 à 6 centièmes
de chaux, et les plus délicates en tolèrent encore
2 à 3 centièmes, tandis que les calcicoles s'installent fort bien sur des terrains siliceux où l'analyse
n'en découvre que des millièmes et même des dix-
millièmes. A Carlsbade le granite renferme de l'oligoclase, qui donne du calcaire en se décomposant,
et le sol, analysé sur trois points différents, contient 109, 80 et 51 dix-millièmes de chaux. Le sable
de la forêt de Châtellerault (Vienne) en accuse
9 dix-millièmes ; mais c'est là une limite extrême,
les rares calcicoles qu'on y rencontre, et notamm-
ment le *Cynanchum Vincetoxicum*, restant toujours
déprimées et rabougries. A Ligugé le granite renferme également du feldspath oligoclase. Un mor-

ceau du poids de 79 grammes 5 décigrammes, qui commençait à s'altérer, a fourni 54 milligrammes de carbonate de chaux. Mais il devait en produire davantage en réalité, parce que la pulvérisation, gênée par les cristaux de feldspath non décomposés et par les grains de quartz, était assez grossière; parce que l'altération de là roche se trouvait peu avancée; enfin parce que les pluies avaient dû entraîner une certaine portion du calcaire au fur et à mesure qu'il se formait. La terre même du massif granitique, prise sur sept points différents, m'a donné une proportion de chaux variant de 40 à 27 dix-millièmes. Chose remarquable, c'est toujours au milieu des calcicoles qu'il y en avait le moins; comme si ces plantes eussent déjà épuisé un sol qui ne leur fournit qu'avec une extrême parcimonie un de leurs éléments les plus indispensables.

On voit que les calcicoles se mêlent volontiers aux plantes de la silice pour peu que le terrain leur fournisse l'élément calcaire, et que beaucoup se contentent d'une infime proportion de chaux. Les calcifuges se montrent beaucoup plus difficiles. Le genêt à balais, les ajoncs, les bruyères, le châtaignier, etc., tolèrent au plus quelques centièmes de cette base. Dès qu'elle se présente, on les voit disparaître. Dans tous les lieux où existe la promiscuité dont je viens de parler, ce sont les calcicoles qui deviennent accommodantes : aucun pied de bruyère ou d'ajonc ne prend racine sur les points où les acides décèlent la présence du calcaire. Les espèces caractéristiques de la flore calcifuge n'empiètent jamais sur le domaine de la flore calcicole, tandis que la réciproque est moins rigoureusement exacte. Il est donc permis d'en conclure que *les calcicoles sont moins exclusives que les calcifuges.*

Il se présente néanmoins des circonstances où

l'on pourrait être induit en erreur si on s'en rapportait aux apparences. En Touraine, dans le Poitou, l'Angoumois, la Saintonge et ailleurs, on voit souvent le *Sarothamnus*, les *Erica*, les *Ulex* et d'autres calcifuges, sur le calcaire jurassique ou crétacé dans les tranchées des routes et des chemins de fer. Le sol fait une vive effervescence avec les acides, et il semble que toutes ces plantes soient enracinées dans le calcaire désagrégé et pulvérulent. Mais si l'on enlève la couche superficielle, incessamment renouvelée par les éboulis et les parcelles qui tombent du haut de la tranchée, on remarque toujours qu'elles ont pris racine dans un lambeau de diluvium, également précipité du haut, et accidentellement fixé dans quelque cavité. Ce sont, par conséquent, des graines ou de très-jeunes pieds développés dans un milieu d'abord privé de calcaire. Dès que la plante a gagné quelque vigueur, elle continue à végéter, et même à prospérer si le lambeau diluvien lui fournit un asile convenable. Dans le cas contraire (et c'est le plus habituel), les racines finissent par plonger dans le calcaire, ou bien encore la couche recouvrant le lambeau diluvien devient assez épaisse pour que l'eau pluviale se charge d'une certaine quantité de chaux : alors la plante languit, se décolore et ne tarde pas à succomber.

On peut constater des faits analogues dans les sables maritimes. Le long de la plage qui borde au sud le pertuis de Maumusson, entre les bains de Ronces et la Pointe des Espagnols, les pins s'avancent jusqu'au contact du rivage, qu'ils dominent de quelques mètres ; de sorte que le sable coquillier, n'ayant plus accès depuis longtemps, les *Sarothamnus*, les *Ulex*, les *Pteris aquilina* peuvent s'avancer jusqu'au bord de la mer. Au sortir de la

forêt, du côté de la Pointe, les dépressions qui se
trouvent en deçà des dunes littorales sont encore
parsemées de nombreux buissons de *Sarothamnus*
et d'*Ulex*, les uns prospères et vigoureux, les autres
chétifs et décolorés. Presque toujours le sable fait
effervescence au pied des uns et des autres ; mais
toutes les fois que j'ai eu la patience de creuser à
une profondeur suffisante, j'ai vu que l'effervescence diminuait, quand elle ne cessait pas complètement. Il me paraît donc probable que ces plantes,
qui datent au moins d'une quinzaine d'années, ont
pris racine dans un sable siliceux à peu près pur,
qui s'est ensuite recouvert de sable coquillier apporté par les vents. Pour quiconque a eu l'occasion
d'étudier la singulière mobilité des sables maritimes
et l'irrégularité de leurs allures, cette hypothèse
n'a rien que de fort vraisemblable. Ce n'est donc
que par une sorte d'artifice que les caractéristiques
de la silice peuvent se trouver accidentellement au
milieu du calcaire ; jamais elles ne s'y propagent
naturellement, jamais je ne les y ai vues dans des
conditions normales.

Tout en confirmant mes assertions relatives à l'in-
tolérance des calcifuges, ces faits paraissent indiquer que plusieurs savent se plier aux circonstances,
et s'habituer quelque peu à un sol ennemi, mais seulement à un certain âge, et lorsqu'elles ont acquis
une certaine vigueur. S'il en est ainsi, on pourrait
les comparer aux conifères exotiques et à beaucoup de plantes délicates, qu'on préserve du froid
tant qu'elles ne sont pas assez robustes pour braver
la rigueur de nos hivers. Mais, ici encore, il y aurait
des expériences à instituer.

Considérée d'une manière générale, la flore calcifuge éprouve donc pour la chaux une répugnance
comparable à celle de la flore terrestre pour le sel

marin. Mais toutes les calcifuges ne se montrent pas également difficiles ; et l'on pourrait indiquer, dans la flore de la silice, des nuances presque aussi nombreuses que dans la flore maritime. Ainsi, le genêt à balais (*Sarothamnus*), les bruyères, les ajoncs (surtout l'*Ulex nanus*), le châtaignier et beaucoup d'autres espèces ne peuvent être cultivés dans une terre qui renferme, à ce qu'il m'a paru, plus de 2 à 3 centièmes de chaux. L'espèce la moins exclusive du groupe me semble être l'*Erica scoparia*. Le *Rumex Acetosella* et la digitale pourpre tolèrent un peu plus de calcaire ; on cultive celle-ci dans les jardins de Montbéliard et de Poitiers, où elle se reproduit, et où le genêt ne peut s'installer. A l'état spontané, elle est cependant moins accommodante que le *Jasione montana*, le *Pteris aquilina*, l'*Aira canescens* et d'autres espèces assez fréquentes dans les sables maritimes effervescents. Une nouvelle nuance est indiquée par les *Sinapis Cheiranthus*, *Cotyledon Umbilicus*, *Vulpia Pseudo-Myuros*, qui pullulent sur le granit, mais qu'on trouve également, beaucoup moins nombreux et moins sociaux, il est vrai, sur les murs et les débris purement calcaires. Enfin on ose à peine affirmer que les *Raphanus Raphanistrum*, *Genista pilosa*, *Polypodium vulgare* soient plutôt calcifuges qu'indifférents.

Il reste maintenant à déterminer la quantité de chaux nécessaire pour fixer les calcicoles et celle qui suffit pour repousser les calcifuges.

En ce qui concerne les premières, nous venons de voir que plusieurs se contentent de quelques dix-millièmes de cette base, et que toutes ou presque toutes prospèrent à côté des calcifuges dans des sols qui n'en renferment pas toujours un millième. On ne doit pas être surpris qu'une quantité aussi minime de chaux suffise à certaines calcicoles, si l'on songe qu'en somme cette chaux existe dans les moindres parcelles de terrain, et si l'on considère qu'il faut encore bien moins de sel pour fixer les plantes maritimes sur des plages où l'analyse optique a peine à mettre la soude en évidence. La quantité de chaux qui peut suffire aux calcicoles est donc énorme en proportion de celle de soude dont se contentent les halophytes. Je l'ai déjà fait observer : *plus les principes minéraux nécessaires aux plantes sont solubles, plus minime peut en être la porportion dans le sol.*

Une remarque importante : ce serait une erreur de croire que la végétation du calcaire s'introduisît dans les régions granitiques dès que la roche fournit quelques millièmes de chaux. Les plantes de la silice, qui se multiplient avec une profusion sans égale, opposent un obstacle invincible à l'installation des calcicoles, lesquelles d'ailleurs ne s'aventurent pas volontiers sur des terrains ne pouvant leur offrir qu'une maigre alimentation. Il faut un concours de circonstances particulières pour déterminer un établissement durable ; et ces circonstances ne se présentent que dans les localités où, comme à Ligugé, un granite nu et compacte (dysgéogène) se trouve étroitement enclavé dans le calcaire. Donc, rien d'étonnant si l'on n'observe que les plantes de la silice dans l'intérieur du plateau central de la France, où il existe sans doute des granites à oligoclase produisant autant et plus de chaux que ceux de la Carlsbade et de Ligugé.

En ce qui concerne les calcifuges, il est certain que la quantité de chaux qu'elles peuvent tolérer varie suivant les espèces, comme varie également la proportion de chaux dont se contentent les calcicoles des diverses catégories. Il est probable, néanmoins, que les calcifuges les plus exclusives (*Ulex*, *Erica*, *Sarothamnus*, etc.) ne tolèrent pas plus de 2 à 3 centièmes de chaux, au maximum: J'ai dit que M. Chatin estime cette quantité à 3 centièmes pour le Châtaignier. Les expériences de culture du jardin de Rochefort prouvent que la proportion de 7,77 est trop forte pour le *Sarothamnus*, qui s'accommode cependant de la proportion de 1,59 trouvée dans le diluvium de Colombier-Fontaine (Doubs). Mais, dans cette dernière localité, il n'arrive jamais à une grande taille ; et quoiqu'il fleurisse et fructifie très-bien, il contraste vivement, par son humble attitude, avec les individus si élancés et si robustes des collines sous-vosgiennes les plus voisines. Je serais porté à admettre que le *Sarothamnus* peut tolérer, au plus, 2 centièmes de chaux, et que la plupart des calcifuges supportent au maximum 5 ou 6 centièmes de cette base. Je me crois donc autorisé à conclure qu'*il faut moins de chaux pour fixer les calcicoles que pour repousser les calcifuges.*

En résumé, *il existe une grande ressemblance entre l'action de la chaux et celle de la soude,* quoique la première soit moins générale et ne s'exerce que sur un nombre de végétaux beaucoup plus restreint : *les deux bases fixent chacune des plantes particulières ; elles en repoussent d'autres ; leur force d'attraction est moindre que leur force de répulsion ; les plantes maritimes et les calcicoles se contentent d'une quantité de soude et de chaux insuffisante pour repousser les plantes terrestres et les calcifuges.* Comme corollaire, et pour compléter la similitude, on pourrait ajouter, enfin, que *les calcicoles sont moins nombreuses que les calcifuges, de même que les plantes maritimes sont moins nombreuses que les plantes terrestres.* Cette dernière proposition est démontrée par les listes dont il a été question, et qui mentionnent 311 calcicoles contre

455 calcifuges, et 140 plantes maritimes contre 1400 plantes terrestres repoussées par le sel marin.

VI.

ACTION PARTICULIÈRE DES COMPOSÉS MINÉRAUX.

Nous avons maintenant à étudier, au point de vue de la dispersion des végétaux, l'action des substances minérales les plus répandues. Mais avant d'entrer en matière, je dois indiquer, au préalable, les résultats généraux qu'on peut déduire de l'analyse chimique des plantes et des terrains. Malheureusement, dans l'état actuel des recherches, la chimie n'a point encore fourni les renseignements qu'on est en droit de lui demander, et qu'elle livrera certainement quelque jour, de concert avec la physiologie. Des milliers d'analyses de plantes ont été publiées, mais la plupart sont anciennes et souvent imparfaites. Beaucoup ne portent que sur des espèces cultivées, et ne peuvent guère être utilisées dans ce travail. A plus forte raison en est-il de même de celles où la nature du terrain ne se trouve pas indiquée. Malgré tout ce qu'elles laissent à désirer, il est cependant possible de tirer quelques lois générales de l'ensemble d'un grand nombre d'analyses que je ne reproduirai pas ici, mais qui sont dues, en grande partie, à MM. Malaguti et Durocher, au mémoire desquels (1) je renvoie le lecteur. Voici les principales conclusions auxquelles on arrive :

1. *Quelle que soit la nature du terrain, le sol renferme toujours, ne fût-ce qu'en proportion infinité-*

---

(1) *Recherches sur la répartition des éléments inorganiques dans les principales familles du Règne végétal* (Ann. de chimie et de physique, 3ᵉ série, 1858, t. LIV, et Ann. sc. nat., 4ᵉ série, Bot., t. IX, p. 222).

simale, les éléments inorganiques nécessaires à la vie des plantes. — Cela résulte de l'analyse des cendres végétales, où l'on trouve constamment la silice, la potasse, la chaux, la magnésie, le fer, le soufre, le phosphore, et quelquefois la soude, la lithine et d'autres substances moins répandues ; cela résulte encore de l'analyse microscopique des roches, dans la plupart desquelles on découvre, à l'état de cristaux infiniment petits ou microlithes, beaucoup de minéraux dont on n'aurait pas autrement soupçonné la présence, et notamment le phosphate calcaire, si indispensable au développement des végétaux.

2. *Sur toute espèce de terrain les plantes s'assimilent, en quantité suffisante, les éléments qui leur sont indispensables, quelque minime qu'en soit la proportion dans le sol.* — Cette proposition est une espèce d'axiome, qui n'a besoin d'autre démonstration que la présence de la végétation sur tous les sols. On peut donc comparer les plantes à des appareils d'analyse d'une délicatesse extrême, qui savent isoler des principes difficiles à obtenir autrement.

3. *Sur le même terrain la quantité des principes inorganiques assimilés par les végétaux varie suivant les familles, les espèces, et, probablement, suivant les individus.* — Cela résulte de l'ensemble des analyses, où l'on ne voit certainement jamais deux plantes différentes accuser la même teneur en silice, en potasse, en phosphore, etc.

4. *Pour chaque espèce, la quantité des principes assimilés peut également varier suivant la nature du sol ; la même plante absorbant, en général, mais sans sortir de certaines limites, une proportion d'autant plus forte d'un minéral déterminé, que ce minéral existe en plus grande abondance dans le terrain.* — Ainsi, pour ne parler que de la chaux, les analyses de huit espèces différentes ont donné à MM. Malaguti

et Durocher une quantité de cette base variant de 34,83 à 22,09, suivant que les plantes avaient été cueillies sur un sol calcaire ou sur un sol privé de chaux. Dans le *Brassica Napus*, l'écart s'est élevé de 43,60 à 19,48; dans le *Dactylis glomerata*, il n'était que de 6,24 à 4,62.

5. *En général, les plantes des terrains siliceux sont plus riches en silice et en alcali que celles des terrains calcaires, lesquelles sont, à leur tour, plus riches en chaux.* — Cela résulte de l'ensemble des analyses.

6. *En général, les calcifuges renferment plus de silice et d'alcali et moins de chaux que les calcicoles et les indifférentes.* — Cela résulte également de l'ensemble des analyses. Il y a néanmoins beaucoup d'exceptions. Ainsi, d'après les chimistes précédemment cités, les *Ulex nanus*, *Asterocarpus Clusii*, *Luzula maxima*, *Polygonum Fagopyrum*, qui sont des calcifuges exclusives, ne contiennent respectivement que 10,17, 7,59, 5,46, 3,22 de silice ; tandis que les *Agrimonia odorata*, *Sedum album*, *Clinopodium vulgare*, *Onobrychis sativa*, qui sont indifférentes ou calcicoles, en renferment 29,07, 22,88, 20,60 et 15,50. D'autres analyses (1) donnent 8,50 de silice pour le châtaignier et 5,50 pour le bouleau, plantes essentiellement calcifuges, tandis que le sapin, qui appartient à la catégorie des indifférentes, en contient 13,00 ; elles indiquent 48,80 de chaux dans les cendres du *Prunus Mahaleb*, calcicole exclusive, tandis que le châtaignier en renferme 51,10, et le bouleau, 52,20. J'ajouterai que beaucoup de graminées, et notamment les céréales, absorbent une énorme quantité de

---

(1) *Dictionnaire d'analyses chimiques, etc.*, par J.-H. Henry Violette et P.-J. Archambault. Paris, 1860.

silice, qui est à peu près la même sur toute espèce de sol.

On voit que l'analyse des cendres végétales fournit, en général, des résultats conformes aux prévisions, mais qu'en somme elle n'apprend rien de bien nouveau. Toutes les plantes ou presque toutes renfermant les mêmes principes minéraux, il n'y a entre elles que des différences du plus au moins, différences, en général, peu sensibles. De nombreux faits exceptionnels montrent que ces différences ont lieu tantôt dans un sens tantôt dans un autre, suivant le terrain, l'espèce et même l'individu. Jamais on ne voit quelque principe essentiel (chaux, potasse, phosphore, azote, etc.) faire absolument défaut. Il ne serait donc pas sage de conclure toujours de la présence et même de l'abondance de telle substance dans les cendres d'une plante, à une affinité particulière de la plante pour cette substance, et encore bien moins, à une préférence marquée pour le sol qui la renferme. De l'analyse des végétaux on peut déduire quelques lois générales, mais il n'est permis de lui accorder aucun crédit dans chaque cas particulier.

L'analyse des terrains conduit-elle à des résultats mieux définis ? Le dernier mot de la science serait, évidemment, la connaissance exacte de la quantité de chaux, de soude, de potasse, etc., qui convient à chaque espèce ; et c'est l'analyse chimique des differents sols, aussi bien que les expériences de culture dans des milieux de composition déterminée qui nous renseignera définitivement à cet égard. Encore moins ai-je besoin de dire que dans le genre d'études qui nous occupe, il faut toujours connaître exactement la nature chimique des terrains sur lesquels on spécule. Appliquée à l'étude du sol, la chimie est donc appelée à rendre les plus grands services : on doit la regarder comme un auxiliaire absolument indispensable. Mais, pas plus que les analyses de cendres, celles des terrains ne peuvent nous renseigner directement sur l'influence spéciale de chacun des principes minéraux qui concourent, isolément ou simultanément, à produire les faits de dispersion dont nous sommes les témoins, et dont nous nous efforçons de découvrir la cause. Autre chose, en effet, est de connaitre la proportion de ces principes dans un terrain quelconque, et autre chose d'en déterminer la portion immédiatement assimilable par les végétaux. Or, c'est cette dernière seulement qu'il faut prendre en considération, attendu que les matières non assimilables, quelle qu'en soit l'abondance, ne peuvent exercer aucune action physiologique sur une plante dans l'intérieur de laquelle elles ne pénètrent point. Mais rien n'est plus difficile que d'établir l'exacte proportion des principes assimilables. Pour ne parler que de la silice, on sait que la simple lévigation n'en décèle aucune trace, même dans les sols quartzeux ou feldspathiques. Dès qu'on fait agir un acide, les silicates terreux et alcalins sont plus ou moins attaqués, et l'on obtient, à l'état naissant, une quantité de silice assimilable qui varie, dans des limites assez étendues, suivant la nature de l'acide, son degré de concentration, la durée de l'expérience, etc. Par conséquent, nous ne savons pas du tout ce qui se passe dans le sol, où il n'y a guère que l'action infiniment lente et infiniment peu énergique de l'acide carbonique et de certains acides végétaux qui puisse mettre en liberté la silice à l'état naissant. Même incertitude en ce qui concerne la potasse, dont la proportion indiquée par les réactifs varie également suivant la nature et le degré de concentration de l'acide employé. Il en est encore presque de même de la chaux, de la magnésie, du carbonate et du protoxyde de fer. A la vérité, tout le calcaire d'un terrain peut se dissoudre, à la longue, dans l'eau pluviale chargée d'acide carbonique ; mais la proportion de chaux disponible dans un moment donné varie certainement en raison du régime des pluies, et de la quantité d'acide carbonique dégagée dans le sol par la décomposition des parties souterraines des végétaux et des autres matières organiques que le terrain peut renfermer. On voit à quel point est compliqué le problème dont je n'envisage ici que certains aspects. Les analyses assez nombreuses que j'ai effectuées ou qui ont été effectuées devant moi (1), et sur lesquelles j'aurai à revenir, me laissent dans la conviction que la plupart des principes minéraux immédiatement assimilables n'existent qu'à l'état de traces dans le sol, et qu'en tout cas le dosage en est impraticable. Avec l'unique secours de la chimie il, est donc actuellement impossible d'apprécier l'influence directe et isolée de chacun d'eux ; aussi, sans négliger les renseignements que cette science est en état de fournir, prendrai-je surtout pour guides l'observation directe et la discussion des faits de contraste signalés par les botanistes.

Je puis maintenant aborder mon sujet, et essayer de déterminer l'influence spéciale des minéraux les plus répandus dans le sol.

1. *Soude.*

Les nombreux exemples de contraste mentionnés ci-dessus démontrent que la soude attire les halophytes et repousse les plantes de la flore terrestre. Elle est donc utile, sinon indispensable aux premières ; et si la presque totalité des espèces maritimes réussit très-bien dans les jardins botaniques et autres lieux où le sel n'existe pas en quantité

(1) Ces analyses ont été faites sous mes yeux, et avec le plus grand soin, au laboratoire de la Faculté des sciences de Poitiers, par M. A. Guitteau, à qui je suis heureux de témoigner ici toute ma gratitude.

appréciable, il est certain que beaucoup sont moins charnues, moins robustes et ne fructifient pas toujours.

L'action funeste de la soude sur les plantes terrestres est encore plus évidente ; si l'on n'a pu jusqu'ici l'expliquer, les faits qui vont suivre, et qui résultent de très-nombreuses analyses optiques de plantes de toute provenance, jetteront sans doute quelque lumière sur le problème.

1. La soude n'existe d'une manière apparente que dans les terrains salés, qui, en France, ne se trouvent guère que sur les bords de la mer. En général, la zone salée maritime est extrêmement étroite, surtout quand le rivage est rocheux ou qu'il consiste en plages et en dunes sablonneuses. Autant, en effet, la chaux se maintient avec obstination dans les sables, autant la soude s'empresse de les délaisser. Cela s'explique aisément par la différence de la solubilité des sels qui servent de véhicule à ces deux bases. Le carbonate de chaux ne cède que lentement à l'action dissolvante des pluies, et subsiste presque partout en plus ou moins grande abondance ; au contraire, le chlorure de sodium est immédiatement entraîné, et ne se montre d'une manière permanente que dans la zone recouverte par les marées. A quelques pas plus loin, le sable de la ligne des premières dunes, et même celui du haut des plages ne précipite plus le nitrate d'argent, et c'est à peine si le chalumeau à gaz y décèle quelques traces de soude. Plus loin encore, dès qu'on pénètre dans la région des dunes proprement dite ou dès qu'on aborde les premiers gazons à *Ephedra*, l'analyse optique n'indique plus rien.

2. A plus forte raison la soude fait défaut dans l'intérieur du pays. Jamais, en effet, la flamme du chalumeau n'a été colorée par la terre que retenaient

entre leurs racines des plantes recueillies dans presque toutes les contrées de l'Europe. L'analyse spectrale, appliquée à une quinzaine d'échantillons de terre végétale provenant de la Saintonge, du Limousin, du Poitou, du pays de Montbéliard et des Vosges, a toujours donné des résultats négatifs. Cependant, comme la plupart des espèces non maritimes renferment de la soude, cette base existe évidemment partout, mais en proportions infinitésimales, qu'elle ait d'ailleurs son origine dans le sol ou dans l'atmosphère. Toutes les eaux des environs de Poitiers que j'ai essayées (et mes analyses sont nombreuses) en accusent des traces.

3. Toutes les plantes de la flore maritime (halophytes des auteurs) renferment de la soude ; plus des trois quarts de celles de la flore terrestre en renferment également ou peuvent en renfermer, et quelquefois en proportion notable.

4. Les plantes qui vivent dans les eaux douces sont à peu près saturées de soude dans toutes leurs parties immergées, mais n'en contiennent pas toujours dans leurs parties aériennes.

5. La quantité de soude que peut absorber une même espèce dans des terrains non salés varie suivant les lieux. Ainsi, des *Filago germanica* des environs de Bruxelles étaient gorgés de soude, tandis que d'autres échantillons, récoltés dans les environs de Paris, n'en laissaient apercevoir aucune trace ; et je pourrais citer nombre de faits analogues. Elle dépend aussi des aptitudes particulières de chaque espèce. Il y a, en effet, des plantes constamment riches ou pauvres en soude, quels que soient le terrain et les pays d'origine. Dans un milieu non salé, les *Linum Radiola*, *L. gallicum*, *Lobelia urens*, *Cicendia filiformis*, *C. pusilla*, *Juncus pygmæus* de Coulombiers (Vienne) renferment beaucoup de soude, à côté des *Trifolium*

lævigatum, Spiranthes autumnalis, Juncus bufonius, J. capitatus, Carex glauca, qui n'en ont point ou n'en ont que fort peu. Dans un milieu salé, les *Tribulus terrestris, Linaria thymifolia, Euphorbia Peplis, E. polygonifolia* (1), *Cenchrus racemosus* se refusent obstinément à la soude, ou tout au plus l'admettent dans leurs parties souterraines par une sorte d'imbibition mécanique et comme malgré elles, tandis que les plantes aquatiques savent la trouver partout.

6. Quelquefois même, dans une localité déterminée, la richesse relative en soude parait dépendre de l'individu, tel pied absorbant plus d'alcali que son voisin. D'ailleurs le fait est assez rare, et peut trouver son explication dans la nature du sol, dont la composition chimique n'est jamais absolument identique, même aux distances les plus faibles.

7. Rien de plus irrégulier, de plus imprévu que la répartition de la soude dans les genres d'une même famille et les espèces d'un même genre. Il est bien rare que les groupes les plus homogènes ne présentent çà et là des disparates, et l'on reconnait partout l'indépendance de l'espèce, sinon de l'individu. Néanmoins, les plantes aquatiques, à quelque famille qu'elles appartiennent, sont les plus riches en soude, et celles des lieux azotés (quelquefois chargées de nitrates au point qu'elles fusent et crépitent dans la flamme) sont les plus pauvres. A l'égard de ces dernières, j'indiquerai les genres *Solanum, Lycium, Amarantus, Chenopodium, Rumex, Polygonum, Urtica, Parietaria, Setaria, Panicum*. On dirait une réelle antipathie entre la soude et l'azote, ou tout au moins entre

______

(1) Plante américaine signalée, il y a quelques années, sur un point unique aux Sables-d'Olonne, et que j'ai trouvée, en 1877, dans les sables maritimes des deux côtés de la Gironde, entre Soulac et l'embouchure de la Seudre. Elle est certainement plus répandue, dans ces limites, que l'*Euphorbia Peplis*, avec lequel on pourrait la confondre.

cette base et les composés nitreux ou ammoniacaux (1).

8. Tous les organes du végétal n'ont pas une égale aptitude pour la soude. Presque toujours elle s'accumule à la base de la plante, principalement dans la portion souterraine, et diminue d'abondance au fur et à mesure qu'on s'élève dans la portion aérienne. Sous le rapport de la teneur en soude, les organes se succèdent dans l'ordre suivant, à commencer par les plus saturés : racine et rhizome ; base de la tige et feuilles radicales ; tige moyenne et feuilles moyennes ; sommet des tiges, avec rameaux et feuilles supérieures ; pédoncules et bractées ; fleurs et fruits. Souvent la fleur avec les pédoncules et les bractées, et même la tige feuillée, n'indiquent aucune trace de soude, quand la racine et quelquefois le bas de la tige et les feuilles inférieures en renferment beaucoup. Les Crucifères, les Rhinanthacées et les Labiées sont surtout remarquables à cet égard. Il semble donc que la soude répugne aux végétaux terrestres, qui l'acceptent malgré eux, plutôt par tolérance que par sympathie, qui en prennent le moins qu'ils peuvent, et l'éloignent autant que possible des organes de la reproduction. Ces remarques s'appliquent aussi, dans une certaine mesure, aux végétaux maritimes, qui renferment quelquefois plus de soude à leur base qu'à leur sommet. C'est ce que j'ai constaté chez les espèces suivantes : *Aster Tripolium, Chrysanthemum maritimum, Convolvulus Soldanella, Salsola Kali, Polygonum maritimum, Euphorbia Portlandica, E. Paralias, Carex arenaria, C. extensa, Hordeum maritimum, Lepturus incurvatus.*

9. Cette tendance de la soude à se concentrer à la partie inférieure des végétaux et cette difficulté à

(1) M. Peligot signale cet antagonisme de la soude et des azotates (*Observations sur une note de M. Velter*, etc. ; dans les *Annales de chimie et de physique*, 4e année, tom. XVIII, pag. 353).

s'élever se remarquent jusque dans les organes isolés. Les feuilles de plusieurs chênes renferment de la soude dans le pétiole et à la base des grosses nervures, mais n'en accusent aucune trace vers les extrémités des mêmes nervures ainsi que dans le parenchyme. Un *Osmunda regalis* de Terre-Neuve et un *Pteris aquilina* de France ont offert de la soude, le premier en grande abondance, mais uniquement dans les pétioles et les nervures principales : au fur et à mesure que la combustion gagnait les ramifications de ces nervures et le pourtour du limbe, on voyait la coloration de la flamme diminuer d'intensité, puis s'évanouir complètement.

10. Presque toujours les diverses parties de la fleur sont exemptes de soude au même degré : c'est ce que j'ai pu constater même sur des nénuphars blancs, fortement sodés dans tous leurs organes submergés, mais dont les pétales, les étamines et le pistil ne coloraient pas la flamme du chalumeau. Le fruit a toujours paru se comporter comme la fleur.

11. La soude fait défaut dans les jeunes organes, et, en général, dans les tissus en voie de développement rapide. On a vu, en effet, que l'extrémité des axes n'en donne le plus souvent aucun indice. J'ajouterai que cette particularité se remarque surtout chez les plantes à évolution centripète. Des pousses de laurier-cerise, de lierre, de sureau, de cornouiller sanguin, de troëne, de bruyère à balai, de viorne boule-de-neige, de laurier-rose, de buis, de romarin, examinées à diverses dates pendant toute la période de leur développement printanier, ont constamment fourni des résultats négatifs, tandis que les axes de l'année précédente dont elles émergeaient, ont toujours coloré la flamme du chalumeau. Le moment de l'année où l'on récolte une plante influe donc beaucoup sur sa

richesse en soude, et l'on peut souvent observer des différences du tout au tout.

12. La soude se tient à l'intérieur plutôt qu'à la périphérie. Abstraction faite de la racine, dont toutes les parties sont d'habitude également imprégnées, ce sont les faisceaux fibro-vasculaires qui en contiennent le plus, toutes les fois qu'il est possible de constater une différence entre les divers éléments anatomiques. Ensuite vient l'écorce, puis la moelle centrale, et en dernier lieu l'épiderme. J'ai déjà dit que le parenchyme des feuilles en manque fréquemment. Les tubercules farineux la repoussent de même. La grande voie de circulation de la soude est donc le système vasculaire. Les organes voisins s'en imprègnent quelquefois, mais lorsqu'elle ne peut plus les gêner ; elle fait défaut dans les cellules où s'élaborent les produits nécessaires à la nutrition et à la reproduction : on peut donc la regarder comme une substance nuisible.

13. Nous venons de voir que la soude est absorbée par les racines, et transportée jusque dans les nervures des feuilles, sinon dans le parenchyme. Dans les plantes aquatiques, l'introduction de cette base a lieu, en outre, par tous les organes immergés, dont le tissu spongieux à grandes cellules et l'épiderme rudimentaire favorisent singulièrement l'absorption par endosmose. Néanmoins cette absorption n'est point un fait purement mécanique ; elle ne s'opère que sous l'influence de la vie. Du papier, diverses étoffes n'ont donné aucun indice de soude après avoir séjourné plusieurs semaines dans les eaux où des *Potamogeton*, des *Hippuris*, des *Hottonia* en accusaient de fortes proportions. Comme la richesse en soude est à peu près constante chez les végétaux immergés, à quelque famille qu'ils appartiennent, et que, dans les genres les plus rebelles

à la soude, les espèces aquatiques obéissent à la loi commune, il semble évident que la nature spéciale du tissu en contact avec l'eau est la cause principale de l'égalité et de la constance de l'imbibition sodée pour tous les organes, quels qu'ils soient; d'où il résulte que l'aptitude de ces espèces pour la soude tient uniquement à la nature de leurs tissus.

14. Cette conclusion doit s'étendre aux végétaux aquatiques non flottants et même à ceux des lieux secs. Il est clair, en effet, que la nature spéciale du tissu plongé dans le sol doit influer sur la teneur en soude des plantes terrestres, qui trouvent plutôt cet alcali dans les eaux et les terres imbibées que dans les stations arides, où les principes solubles n'ont pu être aussi complètement saisis par les liquides du sol.

15. La plante est donc une sorte de machine vivante, mais inconsciente, dont la capacité d'absorption et de sélection dépend en réalité de la structure fortuite de ses organes et du milieu où ils sont plongés.

16. Tous les faits ci-dessus justifient l'opinion des auteurs qui pensent que la soude est nuisible, sinon inutile, à la plupart des végétaux; que les racines absorbent sans discernement tous les principes solubles qu'elles rencontrent, mais que plus tard il s'opère une sorte de triage empêchant certaines substances délétères de pénétrer dans les organes où leur présence pourrait devenir funeste.

17. Il est probable que plusieurs plantes maritimes admettent la soude par tolérance plutôt que par nécessité, et qu'elles occupent surtout les lieux salés parce que la végétation continentale leur laisse le champ libre. Ce qui peut justifier cette manière de voir, c'est que la soude refuse de monter dans

les organes supérieurs de ces plantes, dont la fleur ne renferme que de la potasse ; d'où il semble résulter que la soude ne peut remplir les fonctions de la potasse, non plus que la remplacer dans l'organisme, chez quelques-unes, sinon chez la totalité des halophytes.

Mais pourquoi cette base est-elle nuisible ? En attendant que des analyses microscopiques analogues à celles dont MM. Fliche et Grandeau ont si heureusement pris l'initiative nous aient renseigné à cet égard, nous devons nous borner à proclamer le fait, et nous élever contre les assertions des chimistes et des agronomes qui ont proposé de substituer la soude à la potasse dans les amendements. Rappelons-nous que les anciens, mieux instruits par la pratique, semaient du sel sur l'emplacement des villes conquises et dans les lieux qu'ils voulaient frapper de malédiction et de stérilité.

2. *Chaux.*

Je crois avoir suffisamment établi que la chaux exerce une double influence : d'une part elle attire les espèces calcicoles, et d'autre part elle repousse les silicicoles. Cependant, comme son action attractive a été mise en doute, il est bon d'insister encore à cet égard ; et je demanderai comment on pourrait expliquer autrement l'installation des calcicoles sur le granite, le basalte et autres roches siliceuses qui donnent de la chaux en se décomposant, si, comme il arrive en effet, on ne les rencontre absolument que dans les lieux où la roche produit du calcaire. Il me semble que l'argument est sans réplique.

Les remarquables études de MM. Fliche et Grandeau (1) expliquent l'action nuisible de la chaux sur

(1) *Loc. cit.*

les plantes de la silice. Chez le pin maritime et le châtaignier, qui sont calcifuges à un haut degré, cette action se traduit à l'extérieur par la décoloration des parties vertes et l'aspect chétif et souffreteux de la plante. La moelle est moins développée ; les feuilles sont beaucoup plus petites ; « la chlorophylle n'en « remplit pas toutes les cellules ; elle fait souvent « très-grand défaut ; les grains en sont moins régu- « liers, moins gros ; la fécule est en quantité beau- « coup moindre, les grains en sont plus petits... « Il est à peine besoin d'ajouter que dans les cellules « des feuilles ou portions de feuilles complètement « décolorées, il n'y a ni fécule ni amidon ». Cette insuffisance de chlorophylle et d'amidon, cause de souffrance et souvent de mort pour la plante, provient de l'excès de la chaux absorbée sur sol calcaire, d'où résulte pénurie de fer, et, encore plus, de potasse. De mon côté, et en m'en tenant à mes propres observations, j'ai pu constater maintes fois, et sur des centaines, je dirai presque des milliers de spécimens, que l'influence délétère de la chaux se trahit constamment à la décoloration des parties vertes. Les progrès de cette décoloration m'ont toujours paru proportionnels à la quantité de calcaire renfermée dans le sol. Sur les plateaux arides de l'Angoumois et du Poitou, dans les tranchées des routes et des chemins de fer, en un mot partout où le *Sarothamnus*, les *Ulex*, les *Erica* ont été accidentellement introduits au milieu du calcaire, les individus en souffrance se distinguent immédiatement à leur teinte jaunâtre. Les *Anthoxanthum Puellii* du jardin de Poitiers, dont il a été question, étaient blancs et presque décolorés. Dans tous les autres cas, et lorsque le malaise provient de l'aridité du sol, de l'insuffisance des engrais, de l'excès du froid ou de la chaleur, de lésions et de blessures, les plantes demeurent vertes, quelque malingres et chétives qu'elles puissent devenir. Les espèces maritimes qui souffrent de la culture en terre ordinaire et dont les feuilles perdent leur épaisseur, continuent néanmoins de secréter la matière verte avec la même abondance. Les conclusions de MM. Fliche et Grandeau me paraissent donc inattaquables. Mais il y aurait à expliquer pourquoi la chaux ne produit pas les mêmes effets sur les calcicoles, les indifférentes et même les calcifuges qui ne sont pas exclusives : nouveau problème du ressort de la chimie et de la physiologie. En attendant la solution, je n'irai pas plus avant dans la voie périlleuse des conjectures.

3. *Silice.*

A mon sens la silice est un milieu neutre, qui ne répudie aucune plante, qui n'en attire aucune et qui offre une hospitalité désintéressée à toutes celles que repousse la chaux. Absolument insoluble dans les conditions ordinaires, cette substance ne peut être absorbée qu'à l'état naissant. Elle provient alors de la décomposition d'un silicate, sous l'influence de l'acide carbonique de l'air ou d'un acide végétal qui se substitue à l'acide silicique. Les sulfures alcalins rendent également soluble la silice ; mais nous n'avons pas à nous en occuper ici, attendu qu'on ne les trouve que rarement dans le sol. Sur les terrains calcaires, en présence d'un sel de chaux soluble (et c'est ici le bicarbonate), les silicates alcalins se transforment en un silicate de chaux, toujours un peu soluble à l'état naissant, et qui le devient très-sensiblement si le sol contient des sels ammoniacaux, ce qui arrive presque toujours. C'est donc principalement à l'état de silicate de chaux que les plantes du calcaire paraissent devoir absorber la silice ; néanmoins ce sont les roches feldspathiques qui fournissent principalement la silice assimilable. Il est donc naturel qu'elles attirent les plantes silicicoles, dans le cas où leur feldspath ne renferme pas de chaux. En effet, les gneiss et les schistes cristallins, le granit, les laves trachytiques, certains porphyres, en un mot toutes les roches où le feldspath est à base de potasse ou de soude, semblent le milieu de prédilection des calcifuges.

Mais est-ce bien la silice qui les fixe sur ces roches ? Les analyses suivantes (toutes effectuées par M. Guitteau, sauf la dernière) de terrains exclusivement occupés par la flore calcifuge, montrent que la quantité absolue de silice est au moins indifférente aux silicicoles. Le n° 1 désigne le sable d'alluvion de la forêt de Châtellerault; le n° 2, le diluvium à *Sarothamnus* des plateaux de Colombier-Fontaine (Doubs); le n° 3, le diluvium rouge des environs de Montbéliard; le n° 4, l'argile tertiaire de Coulombiers (Vienne); le n° 5, la terre à châtaigniers de la Vente-du-Désert (Seine-et-Oise), analysée par M. Chatin. Comme il est tout à fait inutile d'indiquer les quantités d'alumine, de silice et d'alcalis rendues solubles par les réactifs, nous avons toujours calciné la matière, et nous n'en donnons que la teneur en silice (sable quartzeux), en argile, en carbonate de chaux et en sesquioxyde de fer.

	N° 1.	N° 2.	N° 3.	N° 4.	N° 5.
Silice.	92.38	86,63	75,31	45,70	12,80
Alumine.	4,98	4,68	18,75	53,57	80,70
Carbonate de chaux. . .	0,17	2,84	0,66	0,73	traces
Sesquioxyde de fer. . .	2,47	5,85	5,38	traces	1,20
Eau et matière organique.	»	»	»	»	3,30
Matière sèche. . . .	100,00	100,00	100,00	100,00	100,00

On voit que du n° 1 au n° 5 la silice diminue graduellement, au point que le sol de la Vente-du-Désert en contient à peine 13 centièmes, tandis que l'argile augmente en proportion inverse. Absolument parlant, ce n'est donc pas la silice qui fixe les calcifuges ; et il est bien évident (ainsi que je l'ai déjà fait remarquer) que, si le terrain à flore calcifuge avait partout la composition de celui de la Vente-du-Désert, on ne parlerait pas de plantes de la silice : il n'y aurait que des plantes de l'alumine.

On ne peut admettre davantage que l'abondance de la silice assimilable fixe la flore calcifuge sur les roches feldspathiques, puisque la même flore se rencontre également, à l'exclusion de toute autre, sur des roches formées d'acide silicique absolument pur ou presque pur, telles que quartzites du Dorat (Haute-Vienne), sables de Fontainebleau, sable des dunes maritimes, etc., où la silice soluble ne peut exister qu'à l'état de traces presque insaisissables. Et comme les plantes du calcaire (entre autres les céréales) renferment souvent une forte proportion de silice, il devient évident que, dans tous les milieux, les végétaux en trouvent la quantité nécessaire. Il semble dès lors indifférent que le sol en renferme plus ou moins, du moment qu'il en accuse quelques traces, puisque l'abondance de ce minéral ne saurait en augmenter la solubilité. On arrive ainsi à douter fortement que les roches quartzeuses puissent attirer plus que d'autres une catégorie de plantes auxquelles elles ne sauraient fournir une alimentation plus riche en silice. Ce qui doit encore augmenter notre circonspection, c'est que, justement en raison de son insolubilité, cette substance ne joue qu'un rôle passif, puisqu'elle sert, tout au plus, à consolider certains tissus. Son importance physiologique est donc loin d'égaler celle de la potasse, de la chaux, du fer, du phosphore, etc. Pour ma part, je considère la silice comme un milieu inerte, pouvant être remplacée par toute autre substance neutre, et même par des matières végétales, telles que la tourbe. Néanmoins, comme je veux rester dans les limites de l'impartialité la plus rigoureuse, je dois faire connaître les présomptions qu'on pourrait interpréter en faveur d'une influence attractive et directe de la silice.

Il y a d'abord l'assentiment presque unanime. L'idée que la silice fixe les plantes silicicoles, comme la chaux fixe les calcicoles, est si naturelle, qu'elle s'impose tout d'abord. Dans les nombreuses localités où des lambeaux diluviens recouvrant le calcaire introduisent la flore de la silice au milieu même de celle de la chaux, il est bien difficile de se refuser à admettre que les calcifuges et les calcicoles sont ainsi rapprochées parce qu'elles trouvent, de part et d'autre, leur minéral de prédilection. L'excessive abondance numérique des genêts, des ajoncs, des bruyères, du *Pteris aquilina* sur les terrains siliceux, dont ils accompagnent les moindres affleurements jusque dans le cœur des régions calcaires, nous porte également à penser que la silice, ou tout autre principe renfermé seulement dans le sol siliceux, exerce sur ces végétaux une attraction puissante. Mais ce sont là de simples conjectures, en faveur desquelles il n'existe d'autres preuves que le *consensus omnium*; et l'on conviendra que la preuve laisse à désirer. N'oublions pas que Galilée a eu raison à lui seul contre tout le monde.

On a cité des faits plus précis. Dans le département de l'Hérault, notamment à Saint-Guilhem-le-Désert et à Murviel, le châtaignier croît sur un calcaire à entroques « abondamment parsemé de « nombreux nodules siliceux » (1). Ne soupçonnant

---

(1) *De l'influence minéralogique du sol sur la végétation. Mém. de l'Acad. de Montpellier*, section des sciences, t. Ier, p. 171).

point l'action répulsive du calcaire, Dunal attribuait
à la silice contenue dans la roche ce fait de géographie botanique. « Les châtaigniers, dit-il, ne peu-
« vent se passer de silice, et ils ne végètent bien
« que là où l'on trouve en abondance cette dernière...
« Quelle que soit d'ailleurs la nature des roches au
   milieu desquelles il (le châtaignier) s'élève, il trouve
« toujours la silice à portée de ses nombreuses ra-
« cines partout où nous l'avons observé. » Les
exemples que je cite sont bien, en effet, de nature à
faire supposer que cet arbre va chercher la silice
dont il a besoin, jusque dans le milieu d'une roche
calcaire. Eh bien, je doute fort qu'il en soit ainsi.
Dunal ajoute qu'à Saint-Guilhem les nodules, « en
« se délitant, forment le sable siliceux nécessaire
« aux châtaigniers ». A Murviel, bien que les arbres sortent du calcaire même, M. Paul de Rou-
ville a vu que les débris entraînés par les eaux des
mêmes nodules siliceux fournissent aux racines
du châtaignier la silice dont elles ont besoin. C'est
donc plutôt dans la silice que dans le calcaire que
sont enracinés les châtaigniers ; et je serais extrêmement surpris que des analyses décelassent
plus de 3 ou 4 centièmes de chaux dans le milieu
même qui convient à ces arbres. Jusqu'à plus ample
informé, je crois devoir récuser la valeur des faits
que je viens de citer.

M. Ferdinand Renauld, auteur d'un excellent
*Aperçu phytostatique sur les plantes de la Haute-
Saône* (1), m'écrit : « M. B... a trouvé le *Grimmia tri-*
« *chophylla,* espèce essentiellement silicicole, sur
« une roche calcaréo-siliceuse ; les radicelles de la
« plante correspondaient à de petits grains quart-
« zeux noyés dans le carbonate de chaux. » Ce fait

____

(1, Vesoul, 1873.

est extrêmement significatif. Mais il faudrait étudier les relations intimes de la roche et de la plante ; voir si les racines de celle-ci rencontrent intentionnellement ou fortuitement les grains quartzeux ; si elles y cherchent un aliment ou un support ; si le *Grimmia* est une silicicole absolument exclusive, et, avant tout, si le calcaire lui-même n'est pas tellement chargé de silice, qu'il ne produise plus aucune effervescence avec les acides. Ce dernier point est fort important à élucider. M. Renauld a reconnu depuis que le fait brut ne peut être invoqué dans une discussion sérieuse. En attendant que mon jeune ami l'ait complètement expliqué, je ne puis davantage en tenir compte.

S'il était bien établi que la silice renfermée dans les roches calcaires ne pût jamais être absorbée qu'à l'état de silicate de chaux (toujours un peu soluble au moment de sa formation), on pourrait tirer de ce fait un nouvel argument en faveur de l'hypothèse d'une action directe de la silice. Il semblerait alors naturel d'admettre que les calcifuges sont repoussées des sols calcaires parce qu'elles ne peuvent absorber le silicate de chaux, et qu'elles sont attirées par les sols siliceux parce qu'elles n'y rencontrent que l'acide silicique. Au contraire, les calcicoles éviteraient les sols quartzeux ou feldspathiques parce qu'elles ne peuvent s'assimiler l'acide silicique ; elles rechercheraient les sols calcaires parce qu'elles n'y trouvent que le silicate de chaux. De cette façon, le milieu calcaire fixerait certaines plantes, non en raison de la chaux qu'il contient, mais parce que la silice assimilable s'y trouve à un état particulier, convenable au groupe de plantes que j'ai appelées calcicoles. De même, le milieu siliceux fixerait d'autres plantes (les calcifuges), non parce que le calcaire leur est nuisible, mais parce qu'elles ne trouvent que sur le sol quartzeux ou feldspathique l'acide silicique soluble, dont l'assimilation est pour elles une condition d'existence. Du calcaire, le rôle actif serait donc transporté à la silice. On pourrait, à la vérité, se contenter d'un moyen terme, et imaginer que les calcifuges recherchent sur les roches siliceuses l'acide silicique, et que les calcicoles recherchent à la fois la chaux et le silicate de chaux sur les roches calcaires.

A ces objections, qui m'ont été adressées, je répondrai :

S'il est jamais bien démontré que, sur les sols calcaires, la silice ne se trouve absorbée qu'à l'état de silicate de chaux, une fois introduit dans l'organisme ce sel n'agit point en tant que silicate ; il se décompose de façon que l'acide silicique devient libre, et que la chaux peut entrer dans de nouvelles combinaisons. Cela me parait évident pour les *Equisetum*, qui offrent les mêmes granulations d'acide silicique, qu'ils aient végété sur le calcaire ou dans tout autre milieu. Il me parait également incontestable que le chaume des Graminées recèle toujours la silice dans le même état, et que, par exemple, celle qui est assimilée par un *Dactylis glomerata* du calcaire, ne se trouve pas dans d'autres conditions physiques et chimiques que la silice d'un *Dactylis* cueilli sur le granit. Et ainsi de suite pour les autres familles. Mais je vais plus loin, et je dis : toutes les fois que le silicate de chaux se trouve décomposé après son absorption (et je tiens le fait pour certain chez les *Equisetum*), la plante est fixée sur le calcaire par la chaux du silicate devenue libre, et non par la silice. — Il est bien entendu que je me place un instant au point de vue de mon contradicteur. — Si, en effet, nous imaginons que l'acide silicique, devenu libre de son côté, agisse pour son propre compte, il ne saurait se comporter autrement que celui qui provient de la décomposition des silicates alcalins des sols feldspathiques, et doit empêcher la plante de s'installer sur le calcaire. Mais comme elle y prospère, il faut que cet acide n'exerce aucune influence, ou que son influence soit primée par celle de la chaux. C'est donc la chaux qui fixe la végétation des terrains calcaires. J'ajouterai que partout où les calcicoles se trouvent enracinées à côté des calcifuges, dans un même sol (par exemple dans le diluvium de certaines localités du Poitou), la silice assimilable s'offre évidemment sous le même état aux unes et aux autres.

Mais j'ai hâte de sortir des subtilités et des hypothèses. Il existe une catégorie de plantes repoussées par la chaux, sans que la silice les attire autrement qu'en leur offrant un asile. Je veux parler des Lichens que Weddell a nommés *silicicoles-calcifuges*, et qui habitent exclusivement et indifféremment les roches siliceuses privées de chaux, les tapis de mousse, l'écorce des arbres. Il est bien évident que ces lichens fuient la chaux; mais il est également manifeste qu'ils ne se trouvent fixés par aucune influence directe de la silice, puisqu'ils prospèrent aussi bien sur un support de nature entièrement végétale. L'état sous lequel la silice du sol peut être absorbée par les lichens calcifuges n'exerce donc aucune influence sur leur dispersion, et les exemples cités par Weddell nous donnent une preuve sans réplique de la neutralité absolue de la silice pour certains lichens, sinon pour l'ensemble de la flore calcifuge.

De ce qui précède je n'entends pas inférer que la silice soit inutile aux plantes; je veux dire seulement qu'elle n'exerce aucune action appréciable sur leur dispersion spontanée. Son rôle physiologique est purement passif ; et s'il est vrai que certaines espèces absorbent plus de silice que d'autres, l'expérience démontre qu'elles ne recherchent pas pour autant les sols siliceux. J'ai déjà dit que les graminées savent trouver partout la silice dont elles sont richement pourvues ; j'ajouterai que l'*Equisetum hyemale*, dont on se sert pour polir le bois, fait absolument défaut sur les grès, les schistes et les autres roches siliceuses des collines sous-vosgiennes, ainsi que sur les alluvions siliceuses des vallées de Belfort et de Montbéliard, tandis qu'il n'est pas rare sur l'alluvion calcaire de la vallée du Doubs ainsi que dans l'intérieur des chaines jurassiques.

4. *Potasse.*

S'il est vrai, ainsi que l'a expérimenté M. Nobbe sur certains *Polygonum*, que la potasse soit indispensable à la constitution de la chlorophylle et de l'amidon, on doit regarder ce minéral comme un des éléments les plus essentiels des végétaux. Extrêmement soluble par elle-même, la potasse existe en grande abondance, à l'état de silicate insoluble, dans toutes les roches feldspathiques ; mais comme elle est absorbée à l'état de carbonate, et que ce dernier sel se produit lentement, et toujours en quantité fort minime, on ne peut guère prétendre que les roches feldspathiques se trouvent avantagées sur toutes les autres, ni qu'elles soient plus riches en potasse disponible et assimilable. Les cendres végétales en renferment constamment ; aussi doit-on admettre qu'il en est de cet alcali comme de la silice : que, dans toute espèce de sol, la potasse assimilable se rencontre à peu près en égale proportion, et que les plantes en trouvent partout suffisamment. Nous sommes ainsi conduits à lui refuser toute influence spéciale sur la dispersion spontanée des végétaux.

Cependant, comme les plantes de la silice accusent, en général, la plus forte teneur en potasse, plusieurs auteurs ont pensé que cette base contribuait à fixer les calcifuges sur les roches feldspathiques, de même que la chaux fixe les calcicoles sur les roches calcaires. Cette idée fut émise, notamment, par Nérée Boubée (1), à la séance de la Société géologique de France où Thurmann faisait la première exposition publique de sa théorie. Elle serait plausible si les plantes de la silice s'attachaient exclusivement aux roches feldspathiques. Mais on les rencontre, aussi abondantes et aussi sociales, sur les roches quartzeuses absolument pures, où l'on comprend à peine qu'elles puissent trouver de la potasse. Les plantes du calcaire en renferment souvent une forte proportion. Jusqu'à présent rien ne prouve donc que cet alcali exerce, sur la dispersion végétale, l'influence qu'on a voulu lui attribuer.

5. *Magnésie.*

Comme la chaux, la magnésie est surtout assimilée à l'état de bicarbonate, ce dernier provenant de la réaction, sur le carbonate neutre, des eaux chargées d'acide carbonique. Elle entre souvent pour près de moitié dans la composition des dolomies, qui sont des carbonates doubles de chaux et de magnésie, et se rencontre, en moindre proportion, il est vrai, dans la plupart des roches calcaires. C'est donc une des substances minérales les plus répandues. Néanmoins, sauf de rares exceptions, les eaux douces n'en renferment qu'une quantité infini-

(1) *Bulletin de la Société géologique de France*, 1847, 2ᵉ série, t. **IV**, p. 575.

ment petite, eu égard au calcaire qu'elles peuvent dissoudre. Les cendres des végétaux n'en contiennent généralement que des traces. J'ai sous les yeux les chiffres de 46 analyses de plantes diverses (1), où la proportion de magnésie varie du dixième au cinquantième de celle de la chaux. La magnésie ne semble donc pas jouer un rôle physiologique important. On lui a néanmoins attribué une certaine influence sur la dispersion des espèces végétales, et plusieurs botanistes ont désigné les plantes qui recherchent les sols dolomitiques.

C'est ainsi que M. Planchon (2) indique les *Arenaria hispida*, *Æthionema saxatile*, *Arenaria tetraquetra*, *Kernera saxatilis*, comme « aussi spéciales « à la dolomie », dans la région qu'il a choisie pour champ d'études, « que le châtaignier, la digitale » pourprée, l'*Anarrhinum bellidifolium*, le *Sarotham-* « *nus scoparius*, l'*Adenocarpus cebennensis*, et bien « d'autres encore, le sont aux terrains siliceux ». Ces espèces « manquent aux calcaires purs aussi « bien qu'aux terrains siliceux ». M. Planchon indique ensuite, mais sous certaines réserves, comme caractéristiques moins exclusives de la dolomie, les espèces suivantes, « qui pourraient bien habiter ail- « leurs des terrains non magnésiens » : *Daphne alpina*, *Rhamnus alpinus*, *Bupleurum fruticosum*, *Globularia Alypum*, *Draba aizoides*, *Iberis saxatilis*, *Potentilla caulescens*, *Aquilegia viscosa*, *Phyteuma Scheuchzeri*, *Hieracium amplexicaule*, *Chrysanthemum graminifolium*, *Hieracium saxatile*, *Campanula speciosa*, *Erinus alpinus*, *Athamanta cretensis*, *Sedum anopetalum*, *Aster alpinus*, *Poa alpina* var. *baldensis*,

(1) *Dictionnaire des analyses chimiques* (déjà cité) de MM. Violette et Archambault.

(2) *Sur la végétation spéciale des dolomies dans les départements du Gard et de l'Hérault* (*Bull. de la Soc. bot. de France*, 1854, t. I, p. 218).

Pinus Salzmanni, Lavandula vera, Pimpinella Tragium, Poa serotina ; ces deux dernières, également signalées par Dunal comme plantes de la dolomie.

On ne peut qu'approuver M. Planchon d'être resté dans une prudente réserve en ce qui concerne la longue liste qui précède. Toutes les espèces qui en font partie habitent ailleurs, en effet, des milieux non magnésiens, et la plupart sont des calcicoles exclusives. Ainsi les *Daphne alpina, Rhamnus alpinus, Draba aizoides, Iberis saxatilis, Hieracium amplexicaule, Erinus alpinus, Athamanta cretensis, Aster alpinus* pullulent sur les crêts coralliens et oolithiques du Jura ; le *Sedum anopetalum* est une des meilleures caractéristiques des roches calcaires dans le Poitou ; le *Chrysanthemum graminifolium* se plait au pied des escarpements crétacés des chaumes de Crage, à Angoulême, et le *Lavandula vera* couvre la montagne calcaire de Rosemont, près de Besançon. Fort commun à Montbéliard dans les alluvions siliceuses de la vallée de l'Allan, le *Poa serotina* semble un peu calcifuge ; enfin le *Globularia Alypum* se rencontre à peu près partout dans les pays méditerranéens. Je ne parlerai pas des autres espèces, que je n'ai jamais eu occasion d'observer à l'état spontané, mais qui, évidemment, ne sont pas exclusivement cantonnées sur les dolomies du midi de la France. Quant aux plantes données comme absolument spéciales au terrain magnésien, je dirai que le *Kernera saxatilis* et l'*Æthionema saxatile* sont fort répandus sur le calcaire jurassique, et que l'*Arenaria tetraquetra* pullule sur les rochers calcaires de certaines localités des Pyrénées, notamment à *Peña blanca*, où j'en ai cueilli de magnifiques échantillons. Je m'abstiendrai à l'endroit de l'*Arenaria hispida*, que je n'ai jamais vu ; mais j'ajouterai que la dolomie du Poitou, dont la flore est celle du calcaire, ne donne asile à aucune plante spéciale, et qu'il en est de même de la dolomie du promontoire de Nice, dont la végétation ne m'a paru se distinguer en rien de celle du reste de la contrée.

Ayant observé sur le monticule dolomitique de Fressac (Gard) le *Cistus salvifolius*, « espèce d'ordi- « naire très-caractéristique de la silice », M. Plan- chon incline à penser que la dolomie peut quelque- fois tolérer certaines calcifuges. De son côté, M. Rey- nier dit (1) qu'en Provence « les roches dolomiti- « ques au milieu d'une zone calcaire paraissent « suppléer aux conditions spéciales recherchées par « les plantes silicicoles ». Cela ne me semble point improbable, si la roche est fortement magnésienne, surtout dans le cas où elle renfermerait de la silice. On sait, en effet, que les dolomies ne produisent, à froid, que peu d'effervescence avec les acides. Quand la roche est très-compacte, et que la magnésie abonde, l'effervescence se réduit à rien. Si la dolo- mie vient, en outre, à se charger de beaucoup de silice intimement interposée, elle se trouve dans les mêmes conditions que certains bancs de l'infra- lias du Poitou, qui ne font point effervescence ; de sorte que la dissolution par les eaux pluviales du carbonate de chaux et du carbonate de magnésie est au moins problématique. La chaux se trouvant ainsi dissimulée et annulée, on comprend que la dolomie devienne un terrain neutre, qui accueille les calcifuges les moins exclusives.

De tout ce qui précède on peut conclure que, si les roches dolomitiques exercent une influence réelle sur la dispersion des plantes, cette influence ne se

(1) *Bulletin de la Société botanique et horticole de Provence*, 1880, 2e année, p. 205 (note).

distingue pas de celle de la chaux. Mais comme il n'existe point de roche magnésienne qui ne soit fortement chargée de calcaire, on ne peut discerner l'action particulière de la magnésie; soit qu'elle se trouve dissimulée par celle de la chaux si elle a lieu dans le même sens, soit qu'elle se trouve annihilée par cette dernière si elle s'exerce en sens contraire, soit enfin qu'elle n'existe pas. Tout ce qu'on peut affirmer, c'est qu'il n'y a pas de plantes de la magnésie, et que, par conséquent, cette base n'exerce aucune action sensible et apparente sur la dispersion naturelle des végétaux.

6. *Fer*.

Indispensable à la constitution de la chlorophylle, le fer doit se rencontrer dans toutes les plantes vertes. Il ne s'y trouve cependant qu'en proportion bien minime, son poids dépassant rarement le centième de celui des autres minéraux contenus dans les cendres. On admet qu'il est absorbé à l'état de chlorure, de sulfate, mais surtout de bicarbonate. On sait enfin qu'il existe dans tous les terrains, et que les plantes peuvent en extraire partout la quantité dont elles ont besoin. Mais exerce-t-il quelque influence sur la dispersion végétale?

D'après M. Planchon (1) « il serait, à la rigueur, « possible que le fer, en raison de son abondance « dans certains terrains, et de son action bien connue « sur les végétaux, déterminât, sur quelques points, « la présence de plantes particulières ». Et il rapporte une observation d'Auguste de Saint-Hilaire, qui n'a trouvé les *Remijia* du Brésil que dans des localités où le fer existe en proportions notables

L. c. cit, p. 221 (note).

dans le sol. Mais, ajoute avec grande raison M. Planchon, « il resterait à vérifier si le fait est général « pour toutes les espèces de *Remijia* (celles de la « Guyane et de la Nouvelle-Grenade aussi bien que « celles du Brésil) et à voir si c'est en réalité le fer « auquel on doit attribuer la coïncidence signalée par « Aug. de Saint-Hilaire ». On ne saurait mieux dire.

M. Auguste Le Jolis, auteur d'importants travaux de géographie botanique, intervient à son tour dans le débat (1). D'après M. Vieillard, qui a exploré durant de longues années la Nouvelle-Calédonie, sans s'être aucunement préoccupé de l'influence du terrain, la végétation du sol ferrugineux « diffère d'une « façon nettement tranchée de celle des terrains non « ferrugineux, et cela dans les mêmes parages, « dans des stations identiques au point de vue de « la géographie et de la météorologie. Ainsi, à Ka- « nala, la végétation des montagnes qui bordent les « deux côtés de la baie et limitent à l'ouest l'étroite « vallée de ce nom, contraste d'une manière frap- « pante avec celle que l'on rencontre sur la chaîne « qui ferme à l'est la même vallée. Les montagnes « de l'est sont formées, comme toute la partie sud « de l'île, par des serpentines et autres roches silicéo- « magnésiennes, mais au-dessus de ces roches on « trouve d'épaisses couches d'argile rouge qui ren- « ferment une très-grande quantité de fer carbo- « naté et oxydulé, et dans certains endroits le sol « est même entièrement couvert de ce minéral; « tandis que la chaîne de l'ouest, qui, dans plu- « sieurs endroits, présente bien encore des gise- » ments d'argile rouge, est complètement dépourvue « de minerais de fer. Parmi les plantes que l'on ren-

---

(1) *De l'influence chimique des terrains sur la dispersion des plantes*, 2ᵉ édit., p. 21 (note). Paris, 1861.

« contre dans les terrains riches en fer, M. Vieillard
« m'a cité les *Dammara ovata,* *Eutassa intermedia, Da-*
« *crydium caledonicum,* le *Dubouzetia,* les *Montrou-*
« *ziera,* les *Hibbertia,* un *Oxalis* ligneux, un *Drosera,*
« les *Grevillea exul* et *Gillivrayi,* plusieurs *Stenocar-*
« *pus,* un *Scævola,* huit *Leucopogon,* un *Dracophyl-*
« *lum,* plusieurs Myrtées, deux Orchidées arbores-
« centes. Ces mêmes plantes se rencontrent sur les au-
« tres points de l'île où existent des terrains ferrugi-
« neux, et la flore de tous ces terrains est identique. »

Assurément, cet imposant défilé de plantes ferrugineuses est de nature à impressionner notre esprit.
Cependant je demanderai si c'est bien au fer qu'on
doit attribuer les contrastes signalés par M. Vieillard. Ce qui peut justifier mon scepticisme provi-
soire, c'est que les plantes dont M. Le Jolis donne
la liste ne se trouvent pas sur les argiles rouges
disséminées dans la chaîne de l'ouest. Mais ces
argiles ne sont rougies que par le fer; et il importe
peu, ce me semble, que la substance ferrugineuse
se trouve en plus ou moins grande abondance, **du**
moment que le terrain en renferme beaucoup plus
que les eaux d'infiltration ne peuvent en dissoudre.
On ne voit donc pas en quoi le minerai qui recouvre
le sol peut augmenter la teneur en fer des eaux pluviales absorbées par la végétation.

Je dois ajouter que je n'ai jamais observé une seule
espèce particulière aux affleurements ferrugineux.
Les vastes gisements de Laissey, de Deluz et autres
localités des environs de Besançon, où le sesquioxyde
de fer grenu constitue, presque à l'état de pureté, une
assise de plus de 4 mètres d'épaisseur; les affleurements analogues de Dampjoux, près de Pont-de-
Roide, et ceux de Chamesol (Doubs), où de très-petits
grains d'hydroxyde de fer sont abondamment disséminés dans un lit de calcaire argileux, ne m'ont

paru couverts que des plantes ordinaires des montagnes jurassiques environnantes. Mêmes conclusions en ce qui regarde les importantes minières de fer en grains du val de Delémont (Jura bernois) et des environs de Montbéliard, à cette différence près que les plantes de la silice et les indifférentes s'installent sur les argiles et les sables sidérolithiques où le calcaire fait défaut. C'est ce qu'ont également observé M. Thiout et M. F. Renauld (1) dans les minières de la Haute-Saône. A Montbéliard les gisements ont été remaniés par les courants diluviens, qui ont éparpillé le fer sur toutes les collines du pays bas, de telle façon qu'il est presque impossible de ramasser une poignée de terre où l'on ne trouve une certaine quantité de grains. Le fer entre également pour une part notable dans la composition des limons sidérolithiques et des argiles diluviennes, d'un rouge intense, si abondamment répandus dans toute la contrée ; eh bien, je n'ai pas trouvé une seule espèce qui me semblât particulière à ces terrains. Dans les minières installées sur les roches jurassiques la flore est calcicole ; sur le diluvium ferrugineux elle est calcifuge. Le fer n'exerce donc aucune influence attractive ou répulsive, puisqu'il ne modifie en rien la végétation, et qu'il ne fixe aucune espèce. Je n'ai également remarqué aucune plante spéciale autour des sources ferrugineuses de l'Auvergne.

Mais, pourrait-on objecter, il est naturel que les argiles rouges de la Nouvelle-Calédonie et les affleurements ferrugineux de la Franche-Comté et du Jura bernois ne fixent point une flore spéciale, attendu que le fer s'y trouve à l'état de sesquioxyde, tandis qu'il doit passer à l'état de bicarbonate de protoxyde

---

(1) *Aperçu phytostatique sur le département de la Haute-Saône. etc.*, p. 57. Vesoul, 1873.

pour devenir assimilable. Voilà pourquoi les plantes ferrugineuses signalées par M. Vieillard sont cantonnées dans les endroits où les argiles rouges contiennent des rognons de protoxyde et de carbonate de fer, et ne se trouvent que là. Je répondrai que partout où le sol renferme du sesquioxyde de fer, ce minéral est promptement réduit, par les matières organiques, en un protoxyde qui ne tarde pas à se trouver dissous, à l'état de bicarbonate, par les eaux d'infiltration chargées d'acide carbonique. Il est même facile de distinguer, à la teinte du sol, les endroits où la transformation du sesquioxyde rouge en protoxyde noir s'opère avec le plus d'énergie. J'ajouterai qu'en Auvergne le fer se trouve à l'état de bicarbonate dans les eaux des sources.

Mes conclusions finales ne seront point modifiées : je ne veux pas nier systématiquement toute action du fer (non plus que toute action de la silice, de la potasse, de la magnésie) ; mais, pour l'admettre, j'attends qu'elle soit démontrée.

7. *Azote, phosphore.*

Je me sens porté à regarder comme analogue l'influence de ces deux corps simples, que la chimie a classés dans la même famille. L'azote est un élément constitutif du protoplasma et de l'albumine ; il entre dans la composition des alcaloïdes végétaux ; au point de vue de la physiologie, son importance est capitale. Le phosphore se rencontre également dans tous les végétaux ; il est aussi constant dans les matières albuminoïdes que la potasse dans la chlorophylle ; quoique peu connu, son rôle physiologique paraît aussi fort important. L'azote est d'ailleurs absorbé à l'état de nitrate et de sels ammoniacaux, et le phosphore, à l'état de phosphate.

En raison même de leur indispensable utilité, ces

deux substances ne semblent point exercer une
influence particulière sur la dispersion des espèces
végétales, puisqu'elles sont également nécessaires à
toutes. Les affleurements de phosphate calcaire sont
tellement limités, qu'il serait bien imprudent de désigner des plantes qui leur fussent particulières ; aussi
personne n'a jamais cité de plantes des sols phosphatés. Je dirais presque la même chose des sols
azotés, si je ne craignais de blesser le sentiment
commun, et de me mettre en contradiction avec moi-
même, ayant proclamé leur action spéciale en maintes
circonstances. Mais, toutes réflexions faites, il me
paraît que cette action ressemble à celle du phosphore,
et que les produits azotés agissent plutôt comme
amendement, comme engrais, que de toute autre
manière. L'azote et le phosphore rendent la végétation plus luxuriante ; mais la grande prospérité des
individus peut se constater sur les plantes de toutes
les catégories, les fumures et les amendements phosphatés profitant également aux calcicoles, aux calcifuges, aux indifférentes, et nullement à une classe
particulière de privilégiés. Les botanistes distinguent
néanmoins les plantes des lieux azotés ; et il est
certain que les *Urtica*, les *Parietaria*, plusieurs
Polygonum, *Atriplex*, *Chenopodium*, etc. se plaisent
dans les cours des fermes, autour des mares, au pied
des murs et dans tous les lieux riches en nitrate de
chaux et en carbonate d'ammoniaque. Mais il y a
peut-être là, en grande partie, une influence de station. L'ortie et la pariétaire croissent également au
pied des rochers ; et tous les *Polygonum*, *Atriplex*,
Chenopodium se rencontrent au milieu des champs,
dans les prairies, les terrains vagues, au bord des
eaux, en un mot, partout où le sol devient sablonneux ou argilo-sableux. Comparables aux espèces
qui accompagnent obstinément les champs de céréa-

les, ces plantes abandonnent volontiers leurs stations naturelles pour des stations artificielles qui leur conviennent davantage. Mais il n'y a rien de plus. Pour tous les végétaux l'habitation des milieux azotés et phosphatés est une question de bien-être ; leur installation dans un milieu salin ou calcaire est une question de vie ou de mort.

8. *Argile.*

L'argile pure est un silicate d'alumine. Elle ne paraît exercer aucune action chimique directe, l'alumine n'étant jamais ou presque jamais absorbée par les végétaux, quoique, par sa décomposition, elle puisse donner naissance à de la silice soluble. Mais son influence physique est très-grande, l'argile formant des sols tenaces, absolument imperméables, souvent inondés, qui contrastent vivement avec les sols perméables en grand, toujours arides et superficiels, constitués par les roches calcaires, et avec les sols profonds, meubles et absorbants, formés par le sable. Parfaitement pure elle ne se couvre d'aucune végétation ; mais dès qu'elle prend moins de consistance par son mélange avec d'autres minéraux, elle admet les espèces péliques calcicoles ou calcifuges, avec une grande majorité d'indifférentes, selon que la substance mélangée renferme ou non du calcaire. En d'autres termes, on ne connaît aucune plante chimiquement fixée ou repoussée par l'argile, comme il y en a qui sont fixées ou repoussées par le sel marin et par le calcaire ; mais, dans toutes les catégories établies au point de vue chimique, les espèces appelées *péliques* par Thurmann se tiennent de préférence sur l'argile, de même que les espèces psammiques s'attachent au sable.

9. *Gypse.*

Le gypse ou sulfate de chaux est fort répandu dans

les terrains de sédiment, mais il offre rarement, au moins en France, des affleurements de quelque étendue, et c'est presque toujours dans les entrailles de la terre qu'il faut aller le chercher. Comme il se trouve habituellement mélangé avec des marnes et avec du carbonate de chaux, on ne peut aisément reconnaître si la flore des sols gypseux est celle du gypse ou celle du calcaire. J'adopterais volontiers cette dernière hypothèse, n'ayant jamais observé que la végétation calcicole ou indifférente dans les gisements des environs de Paris. J'incline donc à penser que l'action du gypse ne se distingue pas de celle du calcaire ; néanmoins je ne donne cette opinion que sous toutes réserves, n'osant me permettre de trancher une question sur laquelle je ne suis pas suffisamment édifié.

Le soufre, auquel on attribue un rôle physiologique assez important, puisqu'il parait être un des éléments constitutifs de l'albumine, et qu'on le retrouve dans beaucoup d'huiles essentielles, est fourni par les sulfates, et, presque toujours, par le sulfate de chaux, dont la base, devenue libre, peut entrer dans les mêmes combinaisons organiques que la chaux provenant du bicarbonate : raison de plus pour assigner un rôle pareil au gypse et au calcaire. Mais cette solution, comme la plupart de celles qui précèdent, ne sera définitive qu'à la suite d'expériences de culture, et de recherches chimiques et physiologiques qui doivent être désormais le but de tous les naturalistes engagés dans notre voie.

VII.

INFLUENCE PHYSIQUE DU TERRAIN.

Je rappellerai qu'elle dépend de causes purement physiques, et, en particulier, du mode de désagrégation des roches ; d'où résultent les différences qu'on observe dans la profondeur, la mobilité, la ténacité, la perméabilité du sol végétal, et, ce qui est encore plus important, dans son état de sécheresse ou d'humidité. Toujours et partout subordonnée à l'influence chimique, elle entre cependant pour beaucoup dans les contrastes de végétation, et l'on distingue aisément les plantes des rochers, celles du sable et celles de l'argile, quelle que soit d'ailleurs la base active (soude ou chaux) qui domine dans le sol. Il y aurait donc à déterminer la nature de cette influence. Mais ici je trouve la besogne toute faite, et je n'ai presque rien à modifier aux conclusions de Thurmann énoncées plus haut. Cependant, quoique les catégories établies avec tant de bonheur par mon illustre ami soient assez nombreuses pour comprendre toutes les espèces qu'il a pu observer dans son champ d'études, relativement restreint, elles me paraissent insuffisantes si on veut les appliquer à la flore des contrées méridionales. Thurmann avait bien reconnu que les roches eugéogènes admettent des espèces de plus en plus xérophiles à mesure que le climat devient plus chaud ; mais il n'avait pu prévenir le cas où le sable pur serait assez sec pour offrir un milieu convenable à certaines xérophiles, et il ne regardait comme telles que les plantes du calcaire ou des roches éruptives compactes et massives. On peut observer pourtant, dans le midi de la France, un assez bon nombre de xérophiles sur le sable pur, siliceux ou dolomitique. Je citerai entre autres : *Sinapis Cheiranthus, Turritis glabra, Arabis arenosa, Cistus salvifolius, Helianthemum guttatum, H. vulgare, H. pulverulentum, Dianthus Carthusianorum, Arenaria controversa, Geranium sanguineum, Prunus spinosa, Potentilla verna, Rosa pimpinellifolia, Asperula Cynanchica, Cynanchum Vincetoxicum,*

Thesium humifusum, Daphne Gnidium, Euphorbia Cyparissias, Epipactis atrorubens, Ruscus aculeatus, Convallaria Polygonatum, Carex nitida, Kœleria setacea, etc. Il est donc nécessaire de distinguer les xérophiles des rochers de celles des sables, et je me vois obligé de créer un mot nouveau pour désigner les premières. Je proposerai de les appeler *lithiques* (du grec λίθος, pierre). La nomenclature de Thurmann se trouve alors modifiée de la manière suivante :

Plantes
- xérophiles (amies de la sécheresse)
  - Lithiques (des rochers).
  - Psammiques (du sable).
- hygrophiles (amies de l'humidité)
  - Lithiques (des rochers).
  - Péliques (de l'argile).
  - Psammiques (du sable).

De même que Thurmann a établi des espèces *pélopsammiques* (de l'argile et du sable), on pourrait distinguer des espèces *litho-psammiques*, des *litho-péliques*, des *psammo-lithiques*, etc., en inscrivant en premier lieu celui des deux milieux qui semble le plus habituel. Mais il me répugne extrêmement de surcharger la nomenclature sans une absolue nécessité.

Je dois pourtant faire observer que toutes ces catégories sont loin d'être tranchées, les végétaux se montrant infiniment plus tolérants sur l'état physique que sur l'état chimique du terrain ; ce qui est une raison de plus d'accorder la prépondérance à l'action chimique. On indiquerait difficilement une xérophile qui ne pût se contenter de quelque station humide, comme aussi une hygrophile qui ne pût fortuitement se développer sur des rochers arides. Les espèces péliques ne dédaignent pas toujours le sable ou les rocailles, et la distinction des pélopsammiques devient quelquefois extrêmement subtile. Le groupe des hygrophiles oligopéliques a beaucoup de points de contact avec celui des xérophiles; et il est bien difficile de savoir auquel des deux appartiennent les *Peucedanum Cervaria, Buplevrum falcatum, Galium silvaticum, Filago spathulata, Gentiana ciliata, Lithospermum purpureo-cæruleum,* etc., qui choisissent de préférence les calcaires un peu argileux. Quel contraste entre ces groupes si imparfaitement délimités, et les catégories relativement si nettes et si exclusives des plantes maritimes, des calcicoles et des calcifuges !

VIII.

INFLUENCE DE LA STATION.

La nature de la station ne dépend qu'assez indirectement de celle du terrain; cependant, comme elle peut être modifiée par les conditions dans lesquelles se trouve la surface du sol, et qu'elle est en relation plus ou moins intime avec l'état physique et même chimique de la roche sousjacente, il est bon d'en dire ici quelques mots. Ce n'est d'ailleurs pas chose facile de définir ce qu'on entend par le mot *station,* et je préfère m'expliquer au moyen d'exemples. Il y a des plantes des rocailles, des pelouses, des prairies, des moissons, des haies et des broussailles, des forêts, des marécages, des eaux stagnantes, des eaux courantes, etc. Chacun de ces mots désigne une station particulière; ou, en d'autres termes, les rocailles, les pelouses, les prairies, les forêts, etc. constituent autant de stations différentes. On voit que la station est la résultante des éléments les plus divers, presque tous de l'ordre physique; notamment la fraîcheur ou la chaleur vive, l'obscurité ou la lumière, l'ombre ou l'insolation, la sécheresse ou l'humidité de l'air et du sol, l'abri contre les vents, la pluie, la neige, les gelées ou l'exposition aux mêmes agents physiques, etc., etc. Dans l'état actuel des observations, il y aurait presque de la témérité à essayer de faire la part de chacun de ces facteurs; aussi me contenterai-je d'ajouter que l'influence de la station ne vient qu'en dernier ordre, étant primée par celles du climat, de la nature chimique et de l'état physique du sol. Chacun a pu remarquer, en effet, que la plupart des végétaux se montrent assez indifférents sur le choix de la station. Beaucoup habitent à la fois les rochers, les vieux murs, les toits de chaume, les pelouses arides; d'autres se rencontrent également dans les prairies, les forêts, les cultures et même les marécages. On sait que les renoncules de la section *Batrachium*, les *Hippuris*, les *Myriophyllum*, le *Polygonum amphibium* et beaucoup de plantes des eaux vives ou des eaux dormantes continuent de vivre dans les fossés complètement desséchés, et que plusieurs d'entre elles, notamment le *Polygonum*, l'*Hydrocotyle vulgaris*, le *Littorella lacustris*, croissent également dans l'eau ou sur la terre sèche. Mais il est inutile d'insister davantage sur des faits bien connus de tous les herborisateurs.

<h2 style="text-align:center">IX.</h2>

<h3 style="text-align:center">CLASSEMENT DES ESPÈCES.</h3>

Le dernier mot de la géographie botanique appliquée à l'étude particulière de l'influence du terrain, serait un classement méthodique et rigoureux de toutes les espèces d'une région déterminée, d'après la nature chimique et l'état physique du milieu qu'elles préfèrent. Je ne me dissimule en aucune manière les difficultés de l'entreprise, et si je ne recule point devant elles, c'est que je tiens à compléter mon œuvre autant que possible, et à consigner quelque part le résultat de longues et patientes recherches. Mais je n'ose donner comme arrêtées et définitives les listes qui vont suivre. Il est certain, au contraire, que plusieurs espèces devront changer de place ; que des calcifuges ou des calcicoles seront reconnues comme indifférentes, et que certaines indifférentes entreront dans les rangs des calcicoles et des calcifuges. Ces utiles remaniements, je les appelle de tous mes vœux. Loin de redouter la critique, je ne demande qu'à profiter de ses enseignements, et j'accepterai avec reconnaissance les rectifications que voudront bien m'adresser les botanistes.

Quoique les nuances soient partout fort nombreuses, ainsi que je l'ai montré pour les plantes maritimes et pour les calcifuges, il me semble imprudent d'établir plus de trois subdivisions dans chacun des groupes de premier ordre : je distingue seulement des espèces exclusives, d'autres qui le sont moins, d'autres enfin qui sont presque indifférentes.

Autant que possible j'ai voulu tenir compte de l'influence physique du terrain ; mais je n'ai pas jugé utile de descendre jusqu'au détail des stations. Pour ne pas compliquer les listes par des subdivisions trop nombreuses, j'ai simplement indiqué, à la suite du nom de chaque espèce, l'état physique du sol qu'elle préfère, dans les cas où la préférence est bien marquée, au moyen des abréviations suivantes :

X.... xérophile ;		*ps.....* psammique ;
H.... hygrophile ;		*l-ps...* lithique et psammique ;
l...... lithique ;		*p-ps...* pélique et psammique ;
p..... pélique ;		*ps-l....* psammique et lithique, etc.

1. *Maritimes exclusives ou presque exclusives, ne se rencontrant qu'accidentellement en dehors des deux premières zones littorales, et dont la plupart ne peuvent se propager spontanément dans un sol privé de sel.*

Malcolmia littorea R. Br. *ps.* M. maritima R. Br. *ps.-l.* Matthiola incana R. Br. *ps-l.* M. sinuata R. Br. *ps.* Cochlearia anglica. L.C. danica. L. C. officinalis L. *l.* Cakile maritima L. *ps.* Silene maritima With. *l.* S. Thorei Duf. *ps.* Arenaria peploides L. *ps.* A. marginata D. C. *H. p.-ps.* A. marina Roth. *ps.-p.* Les Frankenia L. Medicago marina L. *ps.* Eryngium maritimum L. *ps.* Crithmum maritimum L. *l.-ps., un peu X.* Galium arenarium Lois. *X. ps.*

Aster Tripolium L. *H. p.* Inula crithmoides *H. p.-ps.* Artemisia maritima L. A. gallica Willd. Diotis candidissima Desf. Convolvulus Soldanella L. *ps.* Linaria Loeselii Schweigg. *ps.* L. arenaria D. C. *ps.* Glaux maritima L. *H. p.-ps.* Plantago subulata L. *X. l.* P. maritima L. *H. p.-l.* Armeria ruscionensis De Gir. *X. l.* Statice Limonium L. *H. p.* S. ovalifolia Poir. *X. l.* S. Dodartii De Gir. *un peu p.* S. occidentalis Lloyd *l.* S. lychnidifolia De Gir. *id.*

Atriplex crassifolia C. A. M. *ps* A. portulacoides L. *H. p.-ps.* A. littoralis L. Beta maritima L. Salsola Kali L. *ps.* S. Soda L. *H. p.-ps.* Salicornia herbacea L. *H. p.* S. fruticosa L. *H. p., un peu ps.* Chenopodium fruticosum L. *H. p.-ps.* Ch. maritimum L. *H. p., un peu ps.* Polygonum maritimum L. *ps., un peu X.* Euphorbia pinea L. *X. l.* E. portlandica L. E. Paralias L. *ps.* Ephedra distachya L. *ps.*

Les Ruppia L. *H.* Triglochin maritimum L. *H. p.* T. Barrelieri Lois. Juncus maritimus L. *H. p.-ps.* J. acutus L. *id.* Phleum arenarium L. *X. ps.* Psamma arenaria Rœm. Sch. *ps. un peu X.* Agrostis pungens Schreb. *ps.* Polypogon littoralis Sm. P. maritimus L. P. Monspeliensis Desf. *p.-ps. un peu H.* Glyceria maritima M. K. *H. p.-ps.* G. festucæformis Heyn. G. distans Wahl. G. procumbens Sm. Poa loliacea Huds. *ps.* Spartina stricta Roth. *H. p.* S. alterniflora Lois. *id.* Elymus arenarius L. *ps. un peu X.* Triticum junceum L. *id.* Lepturus incurvatus Trin. Hordeum maritimum L. *H. un peu p.* Asplenium marinum L. *l.*

2. Maritimes moins exclusives, se tenant en général en dehors des deux premières zones littorales, sans cependant s'éloigner jamais beaucoup des rivages; mais se propageant souvent dans des sols à peine salés et même tout à fait privés de sel.

Alyssum maritimum L. *X. l.-ps.* Crambe maritima L. Silene Portensis L. *X. ps.* Dianthus arenarius L. *ps.* D. gallicus Pers. *X. ps* Linum maritimum L. Erodium maritimum Sm. Medicago littoralis Rhode *ps.* Astragalus arenarius L. *ps.* A. Bayonnesis Lois. *X. ps* Tamarix gallica L. *ps.* T. anglica Webb. *id.* T. africana Poir. *id.* Daucus maritimus Lam. *l.* D. gummifer L. *X. l.* Buphthal-

mum maritimum L. Crepis Suffreniana Lloyd. *ps.* C. bulbosa
Cass. *id.* Hieracium eriophorum St-Am. *X. ps.* Cynanchum acutum L. *X. ps-l.* Erythræa Chloodes Gr. Godr. *II.* E. spicata Pers.
II. p. E. maritima Pers. *id.* Omphalodes littoralis Lehm. *ps.* Linaria thymifolia D. C. *ps.* Passerina hirsuta L. Armeria maritima
Willd. *ps.* Atriplex Halimus L. Euphorbia Peplis L. *ps.* E. polygonifolia L. *ps.* Salix arenaria L. *ps.-l.* Pinus maritima Lam. *ps.*
Pancratium maritimum L. *ps.* Carex arenaria L. *ps.* Kœleria albescens D. C. *X. ps.* Lepturus filiformis Trin.

3. *Maritimes presque indifférentes, se rencontrant aussi souvent
dans l'intérieur des terres que dans les régions littorales, et dont
la plupart semblent fixées dans le voisinage de la mer par l'influence des conditions climatériques et stationnelles, plutôt que
par un besoin réel de sel marin.*

Glaucium luteum Scop. *ps.* Lepidium ruderale L. Alyssum campestre L. *ps.* Senebiera pinnatifida D. C. Silene Otites Sm. *ps.*
Althæa officinalis L. *II. p.* Tribulus terrestris L. *ps.* Medicago
denticulata Willd. *ps.* Trifolium maritimum Huds. *un peu p.*
T. resupinatum L. *un peu p.* Lotus edulis L. Ecballium Elaterium
Rich. *un peu ps.* Buplevrum tenuissimum L. *un peu p.* Apium
graveolens L. *II. p.-ps.* Smyrnium Olusatrum L. Artemisia Absinthium L. *un peu ps.* A. campestris L. *ps.* Silybum Marianum
Gærtn. *un peu p. II.* Centaurea aspera L. *ps.* Helminthia echioides Gærtn. *II.* Tragopogon porrifolius L. Sonchus maritimus L.
II. p.-ps. Chlora imperfoliata L. f. *II. un peu p.* Convolvulus linea-
tus L. *X. l.* Bartsia viscosa L. Phytolacca decandra L. Chenopodium ambrosioides L. Camphorosma monspeliaca L. Rumex Bucc-
phalophorus L. *un peu ps.* Myrica Gale L. *II. ps.* Smilax aspera
L. *X. l.* Iris spuria L. Les Zannichellia L. Juncus Gerardi Lois.
Scirpus maritimus L. *II.* S. Rothii Hopp. *II. p.-ps.* S. Holoschœnus L. *ps. un peu II.* Carex divisa Huds. Vulpia bromoides.
Rchb. *ps.*

4. *Calcicoles exclusives ou presque exclusives, ne se rencontrant
jamais qu'accidentellement, et sans s'y propager, sur les terrains
assez pauvres en calcaire pour ne produire à froid aucune effervescence avec les acides.*

Thalictrum majus Jacq. *X. l.* Arabis alpina L. *l. un peu II.*
Alyssum spinosum L. *X. l.* A. macrocarpum D. C. *X. l.* Clypeola

Jonthlaspi L. *X. l.* Œthionema saxatile L. *X. l.* Draba aizoïdes
L. *X. l.* Kernera saxatilis Rchb. *X. l.* Iberis intermedia Guers. *X.
l.* saxatilis L. *X. l.* Thlaspi montanum L. *X. l.* Helianthemum
pulverulentum D. C. *X. l.-ps.* H. Fumana Mill *X. l.* Polygala cal-
carea Schultz. *un peu p.* Arenaria controversa Boiss. *X. l.-ps.*
Mœhringia muscosa L. *H. l.* Linum suffruticosum L. *X. un peu p.*
L. Loreyi Jord. *X. l.* Geranium tuberosum L. *un peu ps.* Genista
radiata Scop. *X. l.* Ononis Natrix L. *un peu ps.-p.* O. striata
Gouan. *X. l.* O Columnæ All. *X. l.* Astragalus Monspessulanus
L. *X. l.* Orobus vernus L. *X.* Coronilla Emerus L. *X. C.* montana
Scop. *X. l. C.* vaginalis Lam. *X. l. C.* minima L. *X. C.* Valentina
L. *X. C.* juncea L. *X.* Hippocrepis comosa L. *X. l.* Prunus Maha-
leb L. *X. l.* Spiræa obovata Willd. *X. l.* Sedum anopetalum D. C.
X. l. Athamanta cretensis L. *X. l.* Trinia vulgaris D. C. *X. l.* Buple-
vrum petræum L. *X.* Saxifraga sponhemica Gm. *X. l. S.* cæsia L.
X. l. Valeriana montana L. *un peu H. p.*

Aster Amellus L. *X.* Artemisia camphorata Willd. *X. l.* Achillea
nobilis L. *X. l.* Inula montana L. *X.* Carduncellus mitissimus D. C.
X. l. C. Monspeliensis All. *id.* Hieracium glaucum All. *X. l.* H.
glabratum Hoppe. *X. l.* H. villosum L. *X. l.* H. amplexicaule L.
X. l. H. Jacquini Vill. *X. l.* Androsace lactea L. *X. l.* Cynanchum
Vincetoxicum R. Br. *X. l.-ps.* Gentiana Cruciata L. *X.* G. acaulis
L. *X.* Erinus alpinus L. *X. l.* Phlomis Lychnitis L. *X.* Teucrium
montanum L. *X.* T. pyrenaicum L. *X.* Globularia vulgaris L. *X.*
Daphne alpina L. *X. l.* Euphorbia Gerardiana Jacq. *X. l., aussi un
peu ps.* Aceras Anthropophora R. Br. *X.* Carex alba Scop. *X. C.*
gynobasis Vill. *X. l. C.* humilis Leyss. *X. l.-ps.* C. ornithopoda
Willd. *id. C.* tenuis Host. *id.* Sesleria cærulea Ard. *X. l.* Lasia-
grostis Calamagrostis Link. *X. l. et un peu ps.* Melica ciliata L.
(et toutes ses formes) *X. l.* Asplenium viride Huds.

*5. Calcicoles moins exclusives, pouvant se propager sur les ter-
rains où la présence du calcaire n'est pas décelée par les acides,
mais alors plus rares et souvent moins vigoureuses que sur le
calcaire.*

Thalictrum aquilegifolium L. *un peu H.* Adonis autumnalis L.
un peu ps. A. æstivalis L. *id.* A. flammea Jacq. *id.* Ranunculus
gramineus L. *un peu X.* R. lanuginosus L. *un peu H.* Helleborus
fœtidus L. *X.* Nigella arvensis L. *un peu ps.* Rœmeria hybrida
D. C. *id.* Hypecoum pendulum L. *id.* Fumaria Vaillantii Rchb. F.
parviflora Lam. Sisymbrium tenuifolium L. *un peu ps.* Erysimum
orientale R. Br. Arabis Turrita L. Alyssum montanum L. *X. l.-ps.*

Iberis amara L. *un peu ps.* Thlaspi perfoliatum L. *id.* Hutchinsia petræa R. Br. *l.-ps.*

Helianthemum salicifolium Pers. *X. H.* canum Dun. *X. l.* Silene noctiflora L. *un peu ps.* Saponaria ocymoides L. *X. l. et un peu ps.* Dianthus cæsius Sm. *X. l.* Linum Narbonense L. *X. l.* Malva Alcea L. Hypericum hirsutum L. Acer opulifolium Vill. *X.* Cytisus Laburnum L. *X.* C. supinus L. *X.* Ononis minutissima L. *X. l.* Anthyllis Vulneraria L. *X.* Trifolium rubens L. *X.* Vicia peregrina L. Cotoneaster tomentosa Lindl. *X. l.* Seseli Libanotis K. Orlaya grandiflora Hoffm. *un peu ps.* Caucalis latifolia L. *id.* Bifora testiculata Hoffm. *id.* Laserpitium Siler L. *X. l.* L. pruthenicum L. Bunium Bulbocastanum L. *un peu ps.* Falcaria Rivini Host. *id.*

Tussilago Farfara L. *H. p.* Chrysocoma Linosyris L. *X.* Belli-diastrum Michelii Cass. *un peu. H.* Conyza squarrosa L. *X. l.* Micropus erectus L. *X.* Carduus defloratus L. *X. l.* Lactuca virosa L. L. Scariola L. L. saligna L. L. Chondrillæflora Bor. L. peren-nis L. *X.* Campanula glomerata L. *X.* Primula Auricula L. *X. l.* Androsace maxima L. *un peu ps.* Convolvulus Cantabrica L. *X. l.* Lithospermum purpureo-cæruleum L. *un peu p.* L. officinale L. *X.* Physalis Alkekengi L. Veronica urticæfolia L. Digitalis lutea L. *X.* Calamintha officinalis Mœnch. *X.* C. Nepeta Link. *X.* Galeopsis Ladanum L. Stachys Heraclea All. *X.* S. annua L. *un peu ps.* Prunella hyssopifolia L. *X.* Teucrium Chamædrys L. *X.* Globularia cordifolia L. *X. l.*

Rumex scutatus L. *X. l.* Euphorbia verrucosa L. Buxus sem-pervirens *X. l.* Scilla bifolia L. Cephalanthera rubra Rich. *X. l. un peu ps.* Epipactis atrorubens Hoffm. *X. l.-ps.* Ophrys muscifera Huds. *X.* Luzula flavescens Gaud. Carex tomentosa L. *p.* C. sempervirens Vill. *X.* Phleum Bœhmeri Wib. *X.* Echinaria capitata Desf. *un peu ps.* Andropogon Ischæmum L. *X.* Stipa pennata L. *X. l.* Ceterach officinarum Willd. *X. l.* Polypodium calcareum Sm. *X. l.* Cystopteris montana Link. Asplenium Halleri D. C. *X. l.*

6. *Calcicoles presque indifférentes. cependant plus nombreuses sur le sol calcaire.*

Ranunculus alpestris L. R. montanus Willd. *X.* R. parviflorus L. *un peu ps.* Nigella hispanica L. Berberis vulgaris L. *X.* Sinapis incana L. *X. ps.* Cheiranthus Cheiri L. *X. l.* Arabis hirsuta Scop. *X. l.-ps.* Dentaria pinnata L. D. digitata Lam. Sisymbrium vimineum L. S. murale L. *un peu ps.* Lunaria rediviva

L. Alyssum calycinum L. *X. ps.* Draba muralis L. Myagrum perfoliatum L. *un peu ps.* Neslia paniculata Desv. *id.* Isatis tinctoria L. *l.-ps.* Biscutella lævigata L. *X. l.* Thlaspi arvense L. Lepidium graminifolium L. *X. l.-ps.* Calepina Corvini Desv. Helianthemum vulgare Gærtn. *X. l.* Viola alba Bess. *X.* Polygala comosa Schk. Saponaria Vaccaria L. Dianthus silvestris Wulf. *X. l.* Holosteum umbellatum L. *ps.* Cerastium arvense L. *un peu X.* Linum strictum L. *X.* L. corymbulosum Rchb. *X.* L. tenuifolium L. *X.* Althæa hirsuta L. *un peu ps.* Acer Monspessulanum L.

Rhamnus Alaternus L. *X. l.* Genista sagittalis L. *X. l. un peu p.* Cytisus capitatus Jacq. *X.* Medicago falcata L. *X. un peu ps.* M. orbicularis All. Trifolium medium L. T. scabrum L. *X.* Vicia lutea L. *un peu ps.* V. dumetorum L. *X.* V. varia Host. Orobus niger L. *X.* Coronilla varia L. *un peu ps.* C. scorpioides K. Fragaria collina Ehrh. *X.* Epilobium Dodonæi Vill. Polycnemum arvense L. *ps.* Sedum album L. *X. l.* Saxifraga rotundifolia L. *un peu II.* S. Aizoon Jacq. *X. l.* S. Cotyledon L. *id.* S. longifolia Lap. *id.* S. media Gonan *id.* Caucalis daucoides L. *un peu ps.* Torilis helvetica Gm. *id.* T. heterophylla Guss. *X.* Peucedanum Cervaria Lap. *un peu p.* Seseli montanum L. *X. l.* Heracleum alpinum L. Fœniculum officinale All. *X.* Buplevrum rotundifolium L. B. protractum Link. B. aristatum Bartl. *X. l.* B. falcatum L. *X. un peu p.* Ptychotis heterophylla K. *X.* Anthriscus vulgaris Pers. *un peu ps.* Chærophyllum aureum L. *X.* Astrantia major L. Eryngium campestre L. *ps.* Cornus mas L. *X.* Sambucus Ebulus L. *un peu II.* Lonicera alpigena L. *X.* Rubia peregrina L. Galium tricorne With. *un peu ps.* G. glaucum L. G. corrudæfolium Vill. *X. l.* G. silvaticum L. *un peu p.* Asperula arvensis L. *un peu ps.* Crucianella angustifolia L. *id.*

Cacalia alpina Jacq. Tussilago alpina L. T. Petasites L. *II. p.* Senecio erucifolius L. Artemisia Absinthium L. *un peu ps.* Inula squarrosa L. *X.* Filago spathulata Guss. *un peu p.-ps.* Centaurea amara L. *X.* C. aspera L. *ps.* C. Crupina L. *X. l.* Leuzea conifera D. C. *X.* Carlina vulgaris L. *X.* C. acaulis L. *X.* Xeranthemum cylindraceum Sm. *X.* Picris hieracioides L. *X.* Podospermum laciniatum D. C. Tragopogon major Jacq. *un peu ps.* Crepis pulchra L. Hieracium præaltum Vill. Phyteuma orbiculare L. *X.* Specularia hybrida A. D. C. *un peu ps.* Rhododendron hirsutum L. Chlora perfoliata L. Gentiana verna L. G. germanica L. *X.* G. ciliata L. *un peu p.* Anchusa italica Retz. *un peu ps.* Pulmonaria angustifolia L. *un peu X.* Myosotis silvatica Hoffm. *un peu H.* Echinospermum Lappula Lehm. *un peu ps.* Cynoglossum pictum Ait. *id.* Heliotropium europæum L. *id.*

Verbascum Lychnitis L. *X.* Linaria Cymbalaria Mill. *l. un peu H.* Veronica prostrata L. *X.* V. Teucrium L. *X.* Euphrasia lutea L. *X. l.* Melampyrum arvense L. Lavandula Spica L. *X. l.* Rosmarinus officinalis L. *un peu X.* Salvia Sclarea L. S. glutinosa L. S. Verbenaca L. Melittis Melissophyllum L. *X.* Stachys recta L. *X.* Ajuga Chamæpitys Schreb. *un peu ps.-p.* Teucrium Botrys L. *un peu ps.* Teucrium aureum Schreb. *X.* T. Polium L. *X.*

Polycnemum arvense L. *ps.* Rumex aquaticus ? L. *H.* Polygonum Bellardi All. Daphne Mezereum L. Passerina annua Spreng. *ps.* Aristolochia Clematitis L. Euphorbia platyphylla L. E. falcata L. Mercurialis perennis L. Salix incana Schrk. *H.* S. grandifolia Ser. S. reticulata L. *X. l.* S. retusa L. *id.* Alnus incana D. C. *H.* Juniperus communis L. *X.*

Tulipa silvestris L. Anthericum Liliago L. *X. l.* Convallaria Polygonatum L. Tamus communis L. Gladiolus segetum Gawl. Orchis hircina Crtz. *X.* O. pyramidalis L. *X. un peu p.-ps.* Orphy apifera Huds. *X.* O. arachnites Rich. *X.* O. aranifera Huds. *X.* Carex glauca Scop. *p.* C. montana L. *X.* C. digitata L. *X.* C. nitida Host. *X. ps.* Phleum asperum Jacq. *X.* P. alpinum L. Kœleria setacea Pers. *X. l.-ps.* Avena pratensis L. *X.* Vulpia ciliata Link. *un peu ps.* Bromus squarrosus L. *X.* Triticum vulgare Vill. Asplenium Ruta-muraria L. *l.*

7. *Indifférentes.*

Clematis Vitabla L. *X.* Thalictrum flavum L. *H.p.-ps.* Anemone Pulsatilla L. *X. l.-ps.* A. alpina L. A. nemorosa L. A. ranunculoides L. A. narcissiflora L. A. Hepatica L. Ranunculus aquatilis L. *H.* R. fluitans L. *H.* R. aconitifolius L. *H. un peu p.* R. platanifolius L. R. Flammula L. *H.* R. Lingua L. *H.* R. auricomus L. *un peu X.* R. acris L. R. nemorosus D. C. *un peu X.* R. chærophyllos L. *X.* R. arvensis L. R. Ficaria L. *un peu H.* Caltha palustris L. *H.* Trollius europæus L. Isopyrum thalictroides L. Aquilegia vulgaris L. *un peu X.* Delphinium Consolida L. D. Ajacis L. Aconitum Lycoctonum L. *un peu H.* A. Napellus L. Actæa spicata L. *un peu H.*

Nymphæa alba L. *H.* Nuphar luteum Sm. *H.* Papaver Rhœas L. P. dubium L. Papaver Argemone L. *un peu ps.* P. hybridum L. *id.* Chelidonium majus L. *l.* Fumaria officinalis L. Sinapis arven-

sis L. Barbarea vulgaris R. Br. *un peu H*. Sisymbrium pinnati-
fidum DC. S. officinale L. S. supinum L. *un peu ps*. S. Columnæ
Jacq. S. Alliaria Scop. *un peu H*. Nasturtium officinale R. Br. *H*.
Turritis glabra L. *X. l.-ps*. Arabis Thaliana L. *ps*. A. arenosa
Scop. *l.-ps*. Cardamine pratensis L. *un peu H*. C. amara L. *H*. C.
impatiens L. *un peu ps*. C. resedifolia L. Dentaria bulbifera L.
Draba verna L. Thlaspi Bursa-pastoris L. Lepidium campestre
R. Br. *un peu ps*. Senebiera Coronopus Poir. *un peu H*.

Viola hirta L. *X*. V. odorata L. V. silvatica K. Reseda lutea L.
un peu ps. R. Luteola L. Parnassia palustris L. *H. p.-ps*. Polygala
amara Jacq. *un peu H. p*. Silene inflata Sm. *un peu ps*. Lychnis
diurna Sibth. Silene nutans L. *X. l*. Lychnis Flos-Cuculi L. *un
peu H*. Agostemma Githago L. Sponaria officinalis L. *un
peu H*. Dianthus Monspessulanus L. D. Carthusianorum L. *X. l.,
plus rarement ps*. Sagina procumbens L. *H. p*. S. nodosa Fenzl.
H. ps. Arenaria tenuifolia L. *un peu ps*. A. serpyllifolia L. *id*. A.
trinervia L. *un peu H*. Stellaria media L. S. graminea L. Cerastium viscosum L. C. brachypetalum L. C. semidecandrum L. *X.
un peu ps*. C. glutinosum Fries. Linum catharticum L.

Malva silvestris L. M. rotundifolia L. Geranium silvaticum L. G.
sanguinum L. *X . l. - ps*. G. columbinum L. G. dissectum L. *un
peu ps*. G. pyrenaicum L. *un peu H*. G. molle L. *un peu ps*. G.
pusillum L. *id*. G. lucidum L. *l. un peu H*. G. Robertianum L.
Erodium ciconium Willd. E. cicutarium L'Hér. *un peu ps*. Hypericum perforatum L. H. quadrangulum L. *un peu H*. H. montanum
L. *X*. Acer Pseudo-Platanus L. A. platanoides L. A. campestre L.
Impatiens Noli-tangere L. *H*. Oxalis Acetosella L. *un peu H*.

Coriaria myrtifolia L. Evonymus europæus L. Rhamnus cathar-
ticus L. *un peu X*. R. alpina L. *X. l*. Genista tinctoria L.
Ononis spinosa L. *un peu ps*. O. arvensis Lam. Medicago
Lupulina L. M. minima L. *un peu ps*. M. maculata Willd.
M. Gerardi Willd. Melilotus officinalis Lam. M. macrorhiza Pers.
un peu H. M. parviflora Desf. M. sulcata Desf. Trifolium angustifolium L. *X. un peu ps*. T. pratense L. T. ochroleucum L. *X*. T.
montanum L. *un peu X*. T. alpinum L. T. repens. L. T. filiforme
L. *X. un peu ps*. T. parisiense DC. Lotus siliquosus L. *H*. L. corniculatus L. Astragalus glycyphyllos L. Vicia sativa L. V. angustifolia L. V. sepium L. V. Cracca L. Lathyrus Aphaca L. L. Nissolia
L. L. hirsutus L. *un peu ps*. L. silvestris L. L. tuberosus L. *p*. L.
pratensis L. *un peu H*. L. sphæricus Retz. L. angulatus. L. Onobrychis sativa Lam *X*.

Prunus spinosa L. *X. l.-ps*. P. avium L. Spiræa Filipendula L.

un peu X. ps. S. Ulmaria L. *II.* S. Aruncus L. Dryas octopetala L. Geum urbanum L. G. rivale L. *H. p.-ps.* Potentilla Fragarias-trum Ehrh. *un peu X.* P. micrantha Ram. *id.* P. splendens Ram. *un peu ps.* P. verna L. *X. l., aussi ps.* P. alpestris Hall. f. *X. l.* P. aurea L. *X. l.* P. reptans L. *un peu II. ps.* Fragaria vesca L. F. elatior Ehrh. *un peu X.* Rubus saxatilis L. R. cæsius L. *un peu II.* R. fructicosus L. (et la plupart de ses innombrables formes). Rosa pimpinellifolia DC. *X. l.-ps.* R. arvensis Huds, *un peu II.* R. alpina L. R. rubrifolia Vill. R. canina L. R. tomentosa Sm. Agri-monia Eupatoria L. Poterium Sanguisorba L. *X.* Alchemilla alpina L. A. vulgaris L. *un peu II.* A. arvensis. Scop. *ps.* Mespilus ger-manica L. Cratægus Oxyacantha L. C. monogyna Jacq. Cotoneas-ter vulgaris Lindl. *X. l.* Pirus communis L. P. Malus L. Sorbus domestica L. S. aucuparia L. S. scandica Fries. *X.* S. Aria Crtz. *X.* S. torminalis L. Aronia rotundifolia Pers. *X. l.*

Epilobium tetragonum. L. *II.* E. trigonum Schrk. E. montanum L. E. paviflorum Schreb. *II.* E. hirsutum L. *II.* E. spicatum Lam. Circæa Lutetiana L. *un peu II.* C. alpina L. *id.* Myrio-phyllum verticillatum L. *II.* Hippuris vulgaris L. *H.* Cerato-phyllum demersum L. *II.* Lythrum Salicaria L. *un peu II. p.* Bryonia dioica L. Portulaca oleracea L. *ps.* Herniara glabra L. *ps.* Scleranthus annuus L. *ps.* Sedum Telephium L. *un peu ps.* S. rubens L. *id.* S. acre L. *X. l., aussi ps.* S. sexangulare L. *id.* S. reflexum L. *id.* S. Cepæa L. *un peu ps.* Sempervivum tectorum L. *X. l.* Ribes Uva-crispa L. *X.* R. alpinum L. R. petræum Wulf. *X.* Saxifraga aizoides L. *un peu ps.*

Daucus Carota L. *un peu ps.* Torilis Anthriscus Gm. Laserpitium latifolium L. Angelica silvestris L. *II.* Pastinaca sativa L. Heracleum Sphondylium L. Silaus pratensis Bess. *un peu II.* Æthusa Cynapium L. Œnanthe Phellandrium Lam. *II.* Buplevrum longifolium L. Sium angustifolium L. *II.* S. nodiflorum L. *II.* Pimpinella magna L. *un peu II.* P. Saxifraga L. *un peu X.* Carum Carvi L. Ægopodium Podagraria L. *un peu II.* Ammi majus L. A. Visnaga L. Petroselinum segetum K. Scandix Pecten-Veneris L. Anthriscus silvestris Hoffm. Chæ-rophyllum hirsutum L. *un peu II.* Ch. temulum L. *un peu II.* Conium maculatum L. *un peu ps.* Sanicula europæa L. *un peu II.*

Hedera Helix L. Cornus sanguinea L. Adoxa Moschatellina L. *un peu II.* Sambucus nigra L. S. racemosa L. Viburnum Lantana L. V. Opulus L. Lonicera Periclymenum L. L. Xylosteum L. Galium Cruciata L. G. rotundifolium L. G. verum L. *un peu X.* G. Mollugo L. G. silvaticum L. G. palustre L. *H.* G. Aparine L. Asperula odorata L. *un peu II.* A. Cynanchica L. *X. l.-ps.* Sherardia arvensis L. *un peu ps.* Valeriana officinalis L. *un peu II.* Valerianella olitoria Poll. *un peu ps.* V. carinata Lois. V. Auricula DC. V. dentata. X. V. eriocarpa Desv. V. coronata DC. Dipsacus silvestris L. D. laciniatus L. D. pilosus L. *un peu II.* Scabiosa arvensis L. S. silvatica L. S. Columbaria L. *X.*

Eupatorium cannabinum L. *II.* Cacalia albifrons L. *un peu II.* Tussilago alpina L. *id.* Erigeron .canadensis *un peu ps.* E. acris L. *X. l.-ps.* Bellis perennis L. Senecio vulgaris L. S. Jacobæa L. S. nemorensis L. Artemisia vulgaris L. *un peu ps.* Chrysanthemum Leucanthemum L. C. Parthenium Pers. *un peu ps.* C. segetum L. C. Myconis L. Matricaria Chamomilla L. M. inodora L. Anthemis Cotula L. A. altissima L. A. tinctoria L. Achillea Millefolium *un peu X.* A. Ptarmica L. *II.* Bidens tripartita L. *II.* B. cernua L. *II.* Inula Helenium L. *un peu H.* Inula salicina L. *X.* I. hirta L. I. Britanica L. *II.* I. graveolens Desf. I. dysenterica L. *H. p.* Helichrysum Stœchas DC. *X.* Gnaphalium silvaticum L. Calendula arvensis L. *un peu ps.* Galactites tomentosa Mœnch *un peu X.* Silybum Marianum Gærtn. Onopordon Acanthium L. *un peu ps.* Cirsium lanceolatum Scop. C. eriophorum Scop. C. Monspessulanum All. C. oleraceum Scop. *H.* C. rivulare Link. *II. p.* C. acaule All. *un peu X.* C. arvense Scop. Carduus tenuiflorus Curt. C. Personata Jacq. *H.* C. crispus L. C. nutans L. *un peu ps.* Centaurea Jacea L. C. montana L. C. Cyanus L. *un peu ps.* C. Scabiosa L. *un peu X.* C. Calcitrapa L. *un peu ps.* C. solstitialis L. Kentrophyllum lanatum DC. *un peu X.* Carlina corymbosa L. *un peu X.* C. acanthifolia All. Les trois Lappa Tournef. Catananche cærulea L. *X.* Cichorium Intybus L. Lapsana communis L. Hypochœris radicata L. Leontodon autumnalis L. L. hastilis L. Tragopogon pratensis L. T. orientalis. L. Chondrilla juncea L. *ps.* Taraxacum officinale Wigg. *un peu II.* Lactuca muralis Fres. *id.* Prenanthes purpurea L. Sonchus tenerrimus L. S. oleraceus L. S. asper L. S. arvensis L. *un peu ps.* S. alpinus L. Pterotheca Nemausensis Cass. Crepis taraxacifolia Thuil. C. setosa Hall. f. *un peu X.* C. fœtida L. *X. un peu ps.* C. biennis L. C. virens L. *un peu ps.* C. succisæfolia Tausch. Hieracium Pilosella L. *II.* Auricula L. *II.* murorum L. *II.* silvaticum Lam.

Campanula latifolia L. C. Trachelium L. C. rapunculoides L. C. Rapunculus L. *un peu ps.* C. Erinus L. *X.* C. rotundifolia L. C. pusilla Hænck. *un peu II.* C. persicifolia L. *un peu X.* Pirola rotundifolia L. *un peu II.* P. minor L. *id.* P. secunda L. P. uniflora L. Hottonia palustris L. *II.* Primula grandiflora Lam. P. officinalis Jacq. P. elatior Jacq. Lysimachia vulgaris L. *II.* L.

nummularia L. *un peu H. p.* Anagallis arvensis L. *un peu ps.*
Fraxinus excelsior L. Phillyrea angustifolia L. *X.* P. media L. *X.*
Ligustrum vulgare L. *un peu X.* Vinca minor L. V. major L.
Erythræa Centaurium Pers. *un peu p.* Gentiana lutea L. G. cam-
pestris L. Convolvulus sepium L. C. arvensis L.

Borago officinalis L. *un peu ps.* Symphytum officinale L. *H.* S.
tuberosum L. *un peu H.* Lithospermum arvense L. *un peu ps.*
Echium italicum L. E. vulgare L. E. plantagineum L. Pulmonaria
officinalis L. Myosotis palustris Vith. *H.* M. hispida Schl. *un peu
ps.* M. intermedia Link. *id.* Cynoglossum officinale L. *un peu ps.*
C. montanum Lam. Lycium barbarum L. Solanum Dulcamara L.
un peu H. Atropa Belladona L. Datura Stramonium L. *ps.* Hyos-
cyamus niger L. *id.* H. albus L.

Verbascum Thapsus L. V. thapsiforme Schrad. V. sinuatum L.
un peu X. V. pulverulentum Vill. *un peu X.* V. nigrum L. Scro-
fularia nodosa L. *un peu H.* S. aquatica L. *H.* S. Hoppii K. *X.*
Antirrhinum majus L. *X.* A. Asarina L. *un peu H.* Linaria spuria
Mill. *ps.-p.* L. Elatine Desf. *id.* L. græca Chav. *un peu p.* L. vul-
garis Mœnch. L. supina Desf. *ps.* L. minor Desf. Veronica Cha-
mædrys L. V. Beccabunga L. *H.* V. Anagallis L. *H.* V. spicata L.
X. ps. V. montana L. V. officinalis L. V. arvensis L. V. præcox
L. *un peu ps.* V. Buxbaumii Ten. V. agrestis L. V. hederæfolia L.
Digitalis grandiflora All. *X.* Euphrasia officinalis L. E. Odontites
L. E. serotina Lam. E. Jaubertiana Bor. Rhinanthus major Ehrh.
R. minor Ehrh. Melampyrum nemorosum L. *un peu H.* M. sil-
vaticum L.

Mentha rotundifolia L. *H. un peu ps.* M. silvestris L. *id.* Lycopus
europæus L. *H.* Origanum vulgare L. *un peu X.* Thymus Serpyllum L. *id.* Satureia hortensis L. *un peu ps.* S. montana L. *X. l.*
Calamintha alpina Lam. C. Acinos Clairv. *un peu ps.* Clinopodium vulgare L. *un peu X.* Salvia officinalis L. S. pratensis L.
Nepeta Cataria L. Glechoma hederacea L. *un peu H.* Lamium
amplexicaule L. *ps.* L. incisum Willd. *un peu ps.* L. purpureum
L. *id.* L. maculatum L. *un peu H.* L. album L. *id.* Leonurus
Cardiaca L. Galeopsis Galeobdolon L. G. Tetrahit L. Stachys ger-
manica L. *un peu ps.* S. alpina L. S. silvatica L. *un peu H.* S.
palustris L. *H.* Betonica officinalis L. Ballota fœtida Lam. Phlomis
Herba-venti L. Sideritis romana L. *un peu ps.* Marrubium vulgare
L. *id.* Scutellaria galericulata L. *H.* Prunella vulgaris L. P. alba
Pall. *X.* P. grandiflora Mœnch. *X.* Ajuga reptans L. *un peu H. p.*
A. Genevensis L. *ps.* Teucrium Scordium L. *H. p.* T. Scorodonia
L. *un peu X.* Verbena officinalis L.

Plantago major L. P. media L. P. lanceolata L. P. Coronopus L. P. Lagopus L. P. Cynops L. *un peu ps.* Amarantus Blitum L. *un peu II.* A. retroflexus L. *ps.* A. albus L. A. prostratus Balb. Atriplex hastata L. *un peu II. p.-ps.* A. patula L. *id.* Chenopodium Botrys. L. C. Vulvaria L. *un peu ps.* C. album L. *id.* C. opulifolium Schrad. *id.* C. murale L. C. glaucum L. *II. p.-ps.* C. rubrum *id.* C. Bonus-Henricus L. *un peu II.* Rumex pulcher L. R. obtusifolius DC. *un peu II.* R. conglomeratus Murr. *id.* R. nemorosus Schrad. R. crispus L. R. arifolius All. R. Acetosa L. Polygonum Bistorta L. *II. p.* P. viviparum L. P. amphibium L. *II. p.* P. lapathifolium L. *un peu II.* P. Persicaria L. *id.* Hydropiper L. *II.* P. mite Schrk. *id.* P. aviculare L. P. dumetorum L. P. Convolvulus. L.

Daphne Laureola L. D. Cneorum L. *X. l.* Thesium alpinum L. *X.* T. pratense Ehrh. *id.* T. humifusum DC. *id.* Osyris alba L. *un peu X.* Asarum europæum L. *un peu II.* Euphorbia Helioscopia L. E. pilosa L. E. dulcis L. E. Esula, L. E. serrata L. E. Cyparissias L. *X. l.-ps.* E. exigua L. *un peu ps.* E. Peplus L. E. amygdaloides L. E. Characias L. *X.* Mercurialis annua L. Ulmus campestris L. Les Urtica L. Parietaria officinalis L. Humulus Lupulus L. Fagus silvatica L. Quercus Robur L. (la variété Q. *pubescens* Willd. *X.*). Q. Ilex L. *X.* Q. coccifera L. Corylus Avellana L. Carpinus Betulus L. Salix pentandra L. *II.* S. fragilis L. *id.* S. alba L. *id.* S. amygdalina L. *id.* S. purpurea L. *id.* S. viminalis L. *id.* S. Caprea L. S. repens L. *II. ps.* S. cinera L. *II. p.* Populus Tremula L. *un peu II.* P. nigra L. *id.* Alnus glutinosa L. *II.* Abies pectinata DC. A. excelsa DC. Taxus baccata L.

Alisma Plantago L. *II.* Sagittaria sagittæfolia L. *id.* Butomus umbellatus L. *II. p.* Colchicum autumnale L. Veratrum album L. Fritillaria Meleagris L. *II.* Lilium Martagon L. Ornithogalum pyrenaicum L. O. umbellatum L. *un peu ps.* Gagea arvensis Schult. *id.* Allium vineale L. A. sphærocephalum L. *un peu ps.* A. ursinum L. *un peu II.* A. oleraceum L. Endymion nutans Dum. *un peu II.* Muscari racemosum DC. *un peu ps.* Anthericum ramosum L. *X.* Paris quadrifolia L. *un peu II.* Ruscus aculeatus L. *X. l.-ps.* Streptopus amplexifolius DC. Convallaria multiflora L. C. maialis L. Maianthemum bifolium DC. *un peu II.* Asparagus acutifolius L.

Crocus vernus L. Iris germanica L. *X. l.* I. Pseudo-Acorus L. *II.* I. foetidissima L. *un peu X.* I. graminea L. Leucoium vernum L. Narcissus Pseudo-Narcissus L. N. poeticus L. N. Tazetta L. Spiranthes autumnalis Rich. *un peu p.* Cephalanthera ensifolia Rich. *un peu X.* C. lancifolia Murr. Epipactis latifolia All. *un peu*

H. E. palustris Crtz. *H*. *p*. E. ovata Crtz. *un peu H*. *p*. Serapias longipetala Poll. S. Lingua L. Orchis Morio L. O. ustulata L. *un peu ps*. O. Simia L. *X*. O. militaris L. *X*. O. fusca Jacq. O. globosa L. O. mascula L. O. bifolia L. O. chlorantha Cust. O. Conopsea L. O. odoratissima L. O. viridis Crtz. *un peu H*. O. albida Scop. O. nigra L. Ophrys Scolopax Cav.

Hydrocharis Morsus-ranæ L. *H*. Triglochin palustre L. *H*. *p.-ps*. Potamogeton natans L. *H*. P. fluitans Roth. *H*. P. rufescens Schrad. *H*. P. lucens L. *H*. P. perfoliatus L. *H*. P. crispus L. *H*. P. pusillus L. *H*. P. densus. L. *H*. P. pectinatus L. *H*. Naias major Roth. *H*. Tous les Lemna L. *H*. Arum maculatum L. A. italicum Mill. A. Arisarum L. Acorus Calamus L. *H*. *p*. Typha latifolia L. *H*. T. angustifolia L. *H*. Sparganium ramosum L. *H*. Juncus glaucus Ehrh. *H*. *p*. J. lamprocarpus Ehrh. *H*. *p.-ps*. J. obtusi-florus Ehrh. *id*. J. compressus Jacq. *H*. *ps*. J. bufonius L. *H*. *p.-ps*. Luzula pilosa Willd. L. Forsteri DC. *un peu X*. L. campes-tris DC.

Scirpus silvaticus L. *H*. *ps.-p*. S. compressus Pers. *H*. *p*. S. Holoschœnus L. *un peu ps*. S. lacustris L. *H*. S. palustris L. *H*. *p.-ps*. Carex Davalliana Sm. *H*. *p*. C. muricata L. *un peu X*. C. stricta Good. *H*. C. acuta L. *H*. C. præcox Jacq. *X*. C. silvatica Huds. C. depauperata Good. *un peu X*. C. flava L. *H*. *p*. C. Mairei Coss. Germ. *id*. C. paludosa Good. *H*. C. riparia Curt. *H*.

Leersia oryzoides Soland. *H*. Phalaris arundinacea L. *H*. Antho-xanthum odoratum L. Crypsis alopecuroides Schrad. *H*. *p.-ps*. C. schœnoides Lam. *id*. C. aculeata Ait. *id*. Phleum pratense L. Alopecurus pratensis L. *un peu H*. A. agrestis L. A. geniculatus L. *un peu H*. A. utriculatus Pers. Setaria glauca Beauv. *un peu ps*. S. viridis Beauv. *id*. S. verticillata Beauv. *id*. Cynodon Dactylon Pers. *X*. *ps*. Phragmites communis Trin. *H*. Calamagrostis Epigeios Roth. C. montana DC. Agrostis stolonifera L. *un peu H*. A. Spica-venti. L. *un peu ps*. A. interrupta L. *id*. Gastridium lendigerum Gaud. *un peu ps*. Milium effusum L. Aira cæspitosa L. Avena barbata Brot. *X*. A. fatua L. A. pubescens L. A. elatior L. A. flavescens L. Holcus lanatus L. Kœleria cristata Pers. *un peu X*. K. phleoides Pers. Glyceria aquatica Presl. *H*. *p*. G. fluitans R. Br. *H*. G. plicata Fries. *H*. G. spectabilis M. K. *H*. Poa annua L. P. nemoralis L. P. alpina L. P. bulbosa L. *un peu ps*. P. com-pressa L. *id*. P. pratensis L. Briza media L. *un peu X*. Melica natans L. M. uniflora Retz. Dactylis glomerata L. Cynosurus cristatus. L. C. echinatus L. *un peu ps*. Festuca rigida Kunth F. ovina L. *X*. F. heterophylla Lam. *un peu H*. F. silvatica Villd. *id*.

F. arundinacea Schreb. *H*. F. pratensis L. F. gigantea Vill. Bromus sterilis L. *peu un X*. B. maximus Desf. *id*. B. Madritensis L. *id*. B. asper L. B. erectus Huds. *X*. B. secalinus L. B. arvensis L. *un peu ps*. B. commutatus Schrad. B. mollis L. Hordeum murinum L. H. secalinum Schreb. *un peu H*. Elymus europæus L. Brachypodium silvaticum R. Sch. B. pinnatum Beauv. *un peu X*. B. ramosum R. Sch. *X*. Lolium perenne L. L. italicum Br. L. multiflorum Lam. L. temulentum L. Gaudinia fragilis Beauv. *un peu ps*. Nardurus tenellus Rchb. *ps*.

Equisetum arvense L. *p*. E. Telmateia Ehrh. *H. p*. E. hyemale L. *H*. Lycopodium Selago L. *un peu H*. L. annotinum L. Botrychium Lunaria Sw. *un peu X*. Ophioglossum vulgatum L. *un peu H*. Polypodium Phegopteris L. *id*. Aspidium Lonchitis Sw. *id*. A. aculeatum Doell. *id*. Polystichum Filix-mas Roth. P. spinulosum DC. Cystopteris fragilis Bernh. *l*. Asplenium Filix-fœmina Bernh. A. Trichomanes L. *l*. Scolopendrium officinarum Sm. *un peu H. l*. Adiantum Capillus-Veneris L. *H. l*.

8. *Calcifuges presque indifférentes ; cependant plus nombreuses sur les sols privés de calcaire.*

Raphanus Raphanistrum L. *ps*. Erysimum cheiranthoides L. *un peu ps*. Sinapis Cheiranthus K. *ps*. Sisymbrium Irio L. *ps*. S. Sophia L. *id*. Nasturtium silvestre R. Br. *H. ps*. N. amphibium R. Br. *id*. N. palustre DC. *id*. Cardamine hirsuta L. Alyssum incanum L. *ps*. Thlaspi alpestre L. Rapistrum rugosum All. *ps*. Cistus Monspeliensis L. *X. l*. Viola tricolor L. (la plupart de ses nombreuses races). Polygala vulgaris L. Silene conica L. *ps*. S. gallica L. *id*. Lychnis vespertina Sibth. *un peu ps*. Dianthus prolifer L. Stellaria Holostea L. S. nemorum L. *H*. Malachium aquaticum Fries. *H*. Linum gallicum L. L. angustifolium L. Malva moschata L. Geranium phæum L. Erodium romanum Willd. Hypericum tetrapterum L. *H*.

Ilex Aquifolium L. Rhamnus Frangula L. *un peu H*. Spartium junceum L. Genista pilosa L. G. Scorpius DC. Melilotus alba Desr. Trifolium arvense L. *ps*. T. striatum L. T. elegans Savi *H. p*. T. procumbens L. *ps*. T. agrarium L. L. tus uliginosus Murr. *H*. Vicia Cassubica L. Lathyrus Clymenum L. Prunus Padus L. *un peu H*. Epilobium roseum Schreb. *H*. Œnothera biennis L. *un peu ps*. Circæa intermedia Ehrh. *un peu H*. Isnardia palustris L. *H*. Myriophyllum spicatum L. *H*. Polycarpum tetraphyllum L. *ps*. Sedum Rhodiola DC. *l*. S. elegans Lej. Sempervivum montanum L. *X. l*. S. arachnoideum L. Cotyledon Umbilicus L. *X. l*. Saxifraga granulata L. Chrysosplenium alternifolium L. *H.* Peucedanum Parisiense DC. P. Oreoselinum Mœnch. *un peu ps. H.* Œnanthe fistulosa L. *H.* Œ. peucedanifolia Mœnch. *un peu H.* Sium latifolium L. *H.* Sison Amomum L. *un peu H.* Valeriana dioica L. *H.* Scabiosa Succisa L. *H. p.*

Solidago Virga-aurea L. Senecio viscosus L. *ps.* S. aquaticus Huds. *H. p.* S. paludosus L. *H.* Tanacetum vulgare L. *un peu ps.* Anthemis nobilis L. *un peu H. p.* A. mixta L. A. arvensis L. Inula Pulicaria L. *H. ps.-p.* Gnaphalium uliginosum L. *p.-ps.* Gnaphalium dioicum L. *un peu ps.* Evax pygmæa Pers. Cirsium palustre Scop. *H. ps.-p.* C. bulbosum DC. Serratula tinctoria L. Tolpis barbata Willd. Rhagadiolus stellatus DC. Scorzonera humilis L. *H. p.* Crepis paludosa Mœnch. *H.* Hieracium boreale Fries. H. umbellatum L. Scolymus hispanicus L. *X.* Xanthium Strumarium L. *un peu ps.* X. macrocarpum DC. *id.* X. spinosum L. *id.* Phyteuma hemisphæricum L. P. spicatum L. Campanula patula L. Vaccinium Vitis-idæa L. Rhododendron ferrugineum L. Arbutus Uva-ursi L. Primula farinosa L. *H. p.* Androsace carnea L. *X. l.* Lysimachia nemorum L. Linum-stellatum L. *un peu ps.* Trientalis europæa L. Erythræa pulchella Horn. *un peu H. p.* Menyanthes trifoliata L. *H.* Anchusa officinalis L. *ps.* Asperugo procumbens L. *un peu ps.* Solanum nigrum L. *id.*

Verbascum Blattaria L. *un peu H. p.* Scrofularia canina L. *ps. un peu H.* Linaria striata DC. Gratiola officinalis L. *H.* Veronica serpyllifolia L. *un peu H. p.* V. triphyllos L. *ps.* Melampyrum cristatum L. *un peu X. ps.* Lavandula Stœchas L. Mentha Pulegium L. *H. ps.-p.* Plantago arenaria W. K. *ps.*

Amarantus silvestris Desf. *un peu ps.* Chenopodium polyspermum L. *ps.* C. hybridum L. *id.* C. urbicum L. Rumex palustris Sm. *H.* Euphorbia stricta L. *un peu ps.* E. hyberna L. Quercus Toza Bosc *un peu H.* Q. Suber L. Salix aurita L. *H. p.-ps.* S. herbacea L. Populus alba L. *H.* P. canescens Sm. *id.*

Scilla autumnalis L. *ps.* Serapias cordigera L. Orchis laxiflora Lam. *H.* O. sambucina L. O. latifolia L. *H. p.-ps.* O. maculata L. *un peu H. p.* Zanichellia palustris L. *H.* Naias minor All. *id.* Sparganium simplex Hud. *H. p.* Juncus conglomeratus L. *H. p.-ps.* J. effusus L. *id.* J. silvaticus Reich. *id.* Luzula nivea DC. Schœnus nigricans L. *H. ps.* Cyperus longus L. *H. ps.-p.* C. fuscus L. *id.* C. flavescens L. *id.* Cladium Mariscus R. Br. *id.* Les Eriophorum L. *H. ps.* Scirpus setaceus L. *H. ps.-p.* S. acicularis L. *H. p.* Carex disticha Huds. *H. p.-ps.* C. vulpina L. *id.* C. paniculata L. *id.* C. paradoxa Willd. *id.* C. leporina L. *id.* C. pallescens L. *un peu H. p.* C. panicea L. *H.* C. Œderi Retz. *H. p.-ps.* C. biformis Schultz *id.* C. ampullacea Good. *H.* C. vesicaria L. *id.* C. hirta L. *id.*

Alopecurus bulbosus L. Cenchrus racemosus L. *ps.* Panicum Crus-galli L. *id.* P. sanguinale L. *id.* Sorghum Alepense Pers. *id.* Agrostis vulgaris With. Aira multiculmis Dum. *un peu ps.* Poa fertilis Host. *un peu H.* Eragrostis megastachya Link. *ps.* E. pilosa Beauv. *id.* Briza minor C. *un peu ps.* Molinia cærulea Mœnch. *H.* Festuca rubra L. *un peu ps.* Bromus tectorum L. *ps.* Ægilops ovata L. *id.* Equisetum silvaticum L. *un peu H.* E. palustre L. *H.* E. limosum L. *id.* Lycopodium clavatum L. *un peu H.* Polypodium vulgare L. *un peu H. l.* P. dyopteris L. *un peu X.* Asplenium Adianthum-nigrum L. Blechnum Spicant Roth. *H. ps.*

9. *Calcifuges plus exclusives, pouvant se propager sur les terrains où la présence du calcaire est décelée par les acides, mais alors plus rares et souvent moins vigoureuses que sur les sols privés de calcaire.*

Ranunculus tripartitus DC. *H. p.* R. Philonotis Ehrh. R. sceleratus L. *H.* Barbarea præcox R. Br. Helianthemum umbellatum L. Gypsophila muralis L. *id.* Dianthus Armeria L. D. superbus L. *H.* Silene Armeria L. Sagina apetala L. *ps.-p.* Arenaria rubra L. *ps.* Stellaria uliginosa Murr. *H. ps.* Spergula arvensis L. *ps.* Hypericum humifusum L. *ps.-p. H.* pulchrum L. *id.* Oxalis corniculata L. *ps.*

Genista germanica L. Lupinus reticulatus Desv. *ps.* Trifolium subterraneum L. Lotus tenuifolius Rchb. *H p.* Vicia lathyroides L. Comarum palustre L. *H. ps.* Agrimonia odorata Mill. *un peu H.* Sanguisorba officinalis L. *H.* Epilobium palustre L. *H.* E. virgatum Fries. *H.* Trapa natans L. *H.* Lythrum Hyssopifolia L. *H. p.-ps.* L. bibracteatum Salzm. *id.* Herniaria hirsuta L. *ps.* Chrysosplenium oppositifolium L. *H.* Peucedanum palustre Mœnch. *H.* Œnanthe pimpinelloides L. Œ. Lachenalii Gm. *H.* Galium vernum Scop. G. boreale L. *H.* G. uliginosum L. *H.*

Senecio silvaticus L. *ps.* Gnaphalium luteo-album L. *p.-ps.* Filago germanica L. *un peu ps.* F. gallica L. *id.* Centaurea nigra L. Thrincia hirta Roth. *ps.-p.* Andryala sinuata L. *un peu ps.* Jasione montana L. *id.* Phyteuma nigrum Sm. Vaccinium Myrtillus L. *un peu H.* Pirola umbellata L. *un peu ps.* Pinguicula vulgaris L. *H. p.* Tous les Utricularia L. *H.* Centunculus minimus L. *H. p.* Samolus Valerandi L. *H. p.-ps.* Anagallis tenella L.

id. Gentiana Pneumonanthe L. *H*. Swertia perennis L. *H*. *ps*.Myosotis versicolor Pers. *ps*.

Antirrhinum Orontium, L. *ps*. Linaria Pelliceriana DC. *id*. Veronica scutellata L. *H*. V. verna L. *ps*. Digitalis purpurea L. *un peu l.-ps*. Pedicularis palustris L. *H*. P. silvatica L. *un peu H*. P. Sceptrum-Carolinum L. *H*. *ps*. Stachys arvensis L. *ps*. Rumex maritimus L. *H*. *p*. R. Hydrolapathum Huds. *H*. *p.-ps*. R. Acetosella L. *X*. *ps*. Polygonum Fagopyrum L. *un peu ps*. P. tataricum L. *id*. P. minus Huds. Euphorbia angulata Jacq. Betula alba L. B. pubescens Ehrh. *H*. Myrica Gale L. *H*. *ps*. Pinus silvestris L. *ps*.

. Alisma ranunculoides L. *H*. A. Damasonium L. *H*. Asphodelus albus L. *un peu ps*. Iris sibirica L. *H*. Spiranthes æstivalis Rich. *H*. Potamogeton gramineus L. *id*. P. acutifolius Link. *id*. P. obtusifolius M. K. *id*. P. oblongus Viv. *id*. P. trichoides Cham. *id*. Calla palustris L. *H*. *p.-ps*. Sparganium natans L. *H*. Juncus pygmæus Thuil. *H*. *p*. J. capitatus Weig. *ps*. Luzula silvatica Gaud. L. albida DC. L. multiflora Lej.

Scirpus fluitans L. *H*. *p*. S. multicaulis Sm. *H*. *ps.-p*. Rhynchospora alba Vahl. *H*. *ps*. Carex pulicaris L. *H*. *ps*. C. fœtida All. *H*. C. Schreberi Schrk. *ps*. C. brizoides L. *p.-ps*. C, teretiuscula Good. *H*. C. maxima Scop. *H*. *p.-ps*. C. polyrhiza Wallr. C. frigida All. C. Pseudo-Cyperus L. *H*. C. filiformis L. *H*. Chamagrostis minima Borkh. *ps*. Alopecurus fulvus Sm. *H*. *p*. Agrostis canina L. *H*. Aira canescens L. *X*. *ps*. Holcus mollis L. *un peu ps*. Poa sudetica Hæncke. Vulpia Pseudo-Myuros Soy. W. *ps*. Secale cereale L. Polystichum Oreopteris DC. *un peu H*. P. Thelypteris Roth. *H*. Pteris aquilina. L.

10. *Calcifuges exclusives ou presque exclusives, ne se rencontrant jamais qu'accidentellement, et sans s'y propager, et ne pouvant être cultivées, pour la plupart, sur les terrains qui renferment assez de calcaire pour produire à froid une effervescence avec les acides.*

Ranunculus hederaceus L. *H*. R. nodiflorus L. *H*. Corydalis claviculata DC. *H*. *l*. Nasturtium pyrenaicum R. Br. *ps*. Teesdalia nudicaulis R. Br. *ps*. T. Lepidium DC. *id*. Lepidium heterophyllum Benth. *ps.-p*. Cistus salvifolius L. *X*. *ps*. Helianthemum guttatum Mill. H. Tuberaria Mill. Viola palustris L. *H*. *ps*. V. pratensis M. K. *un peu ps*. Asterocarpus Clusii Gay. *X*. *ps*. Tous les Drosera L. *H*. *ps*. Polygala depressa Wendr. *un peu ps*. Silene rupestris L. *X*. *l*. Velezia rigida L. Lychnis Viscaria L. Sagina subulata Wimm. *ps*. Mœnchia erecta K. Spergula pentandra L.

Elatine hexandra DC. *H. p.* E. Alsinastrum L. *id.* Linum Radiola L. *p.-ps.* Geranium palustre L. *H.* Hypericum Elodes L. *H. p.-ps.* Ulex europæus L. U. nanus Sm. *un peu H. p.* U. provincialis Lois. Sarothamnus scoparius K. *un peu ps.* Genista purgans DC. G. anglica L. G. candicans L. G. linifolia L. Lupinus hirsutus L. L. reticulatus Desv. *ps.* Adenocarpus complicatus Gay. Trifolium spadiceum L. Orobus tuberosus L. Ornithopus ebracteatus Brot. *ps.* O. compressus L. *id.* O, perpusillus L. *id.* Potentilla argentea L.

Myriophyllum alterniflorum DC. *H.* Peplis Portula L. *H. p* Montia rivularis Gm. *H.* M. minor Gm. *ps.* Illecebrun verticillatum L. *un peu H. ps.* Corrigiola littoralis L. *ps.* Scleranthus perennis L. *ps.-l.* Tillæa muscosa L. *ps.* Bulliardia Vaillantii DC. *H. ps.* Sedum annum L. *l.-ps.* S. villosum L. S. pentandrum Bor. Saxifraga stellaris L. S. aspera L. S. biflora All. S. cuneifolia L. S. retusa Gouan *H.* S. Hirculus L. *H. ps.* Meum athamanticum Jacq. Angelica pyrenaica Syr. Selinum Carvifolia L. *un peu H. ps.* Œnanthe crocata L. *H.* Carum verticillatum K. *H. p.-ps.* Bunium denudatum DC. *ps.* Helosciadium inundatum K. *H.* Cicuta virosa L. *H. ps.* Hydrocotyle vulgaris L. *H. ps.* Galium saxatile L. Valeriana tripteris L. *un peu H.*

Senecio adonidifolius Lois. Doronicum austriacum Jacq. Arnica montana L. Helichrysum arenarium DC. *ps.* Filago ravensis L. *un peu ps.* F. minima Fries *id.* Cirsium anglicum Lob. *H. p.* Arnoseris pusilla Gaertn. *ps.* Hypochœris glabra L. *id.* Leontodon pyrenaicus Gouan. Sonchus Plumieri L. *un peu H.* Lobelia urens L. *p.-ps.* Jasione perennis Lam. Campanula hederacea L. *H.* Vaccinium uliginosum L. *H. ps.* V. Oxycoccos L. *id.* Andromeda calyculata L. *id.* A. polifolia L. *id.* Ledum palustre L. *id.* Calluna vulgaris Salisb. Erica vagans L. E. ciliaris L. *un peu H.* E. Tetralix L. *id.* E. cinerea L. E. scoparia L. E. arborea. Lysimachia thyrsiflora L. *H. p.* Cicendia filiformis Del. *H. p.-ps.* C. pusilla Grisb. *id.* Lindernia pyxidaria All. *H. p.-ps.* Veronica acinifolia L. *p.-ps.* Anarrhinum bellidifolium Desf. Limosella aquatica L. *H. p.* Galeopsis ochroleuca Lam. Scutellaria minor L. *H. p.* Littorella lacustris L. *H. ps.* Empetrum nigrum L. *un peu H.* Castanea vulgaris Lam.

Alisma natans L. *H.* Anthericum ossifragum L. *H.* Juncus supinus Mœnch. *H. ps.-p.* J. squarrosus L. *H. ps.* J. Tenageia L. f. *H. p.-ps.* Luzula spadicea DC. Scirpus cæspitosus L. *H. ps.* S. ovatus Roth. *H. p.-ps.* Carex dioica L. *H. ps.* C. pauciflora Lightf. *id.* C. chordorhiza Ehrh. *id.* C. Heleonastes Ehrh. *id.* C. elongata

L. *id*. C. canescens L. *id*. C. remota L. *p.-ps*. C. cyperoides L. *id*.
C. limosa L. *H. ps.-p*. C. pilulifera L. *ps.-p*. Anthoxanthum Puel-
lii Lec. Lam. *ps*. Aira caryophyllea L. *id*. A. præcox L. *id*. A.
flexuosa L. Triodia decumbens Beauv. *H. ps.-p*. Vulpia sciuroides
Gm. *ps*. Nardurus Lachenalii Godr. *ps*. Nardus stricta L. *ps.-p*.
Piluluria globulifera L. *H*. Isoetes lacustris L. *H*. I. tenuissima
Bor. *id*. Lycopodium inundatum L. *H. ps*. L. complanatum L.
Osmunda regalis L. Asplenium lanceolatum Huds. *l*. A. septen-
trionale Sm. *X. l*. A. Breynii Retz. *id*.

X.

RÉSUMÉ.

Dans l'intérêt du lecteur comme dans celui de l'auteur, je résumerai la doctrine de la manière suivante :

1. La distribution naturelle des végétaux à la surface du globe dépend surtout de la température (1),
du terrain et de la station.

2. Les principaux facteurs de la température sont la
latitude et l'altitude. Sur tout le globe et à tous les
niveaux, les plantes dessinent des zones climatériques
correspondant généralement aux isothermes.

3. Le terrain agit en raison de sa composition chimique et de son état physique, quelle que soit d'ailleurs sa nature géologique.

4. L'influence chimique l'emporte sur l'influence
physique.

5. La première a pour causes certains minéraux
solubles que renferme le sol, et, en particulier, le
chlorure de sodium et le carbonate de chaux.

6. La soude et la chaux attirent certaines plantes

______

(1) Considérant les faits de dispersion à un point de vue très-général, je
ne mentionne pas ici les autres circonstances du climat ; notamment les
écarts extrêmes de la température, l'étendue de la période de végétation,
le régime des pluies et beaucoup d'autres particularités qui exercent une
grande influence sur l'emplacement et la délimitation de l'aire occupée par
chaque espèce à la surface du globe.

auxquelles elles sont nécessaires ; elles en repoussent d'autres auxquelles elles sont nuisibles, et qui ne trouvent de refuge que dans les milieux privés de soude et de calcaire.

7. Il y a donc une *flore maritime*, fixée par le chlorure de sodium, et une *flore terrestre*, repoussée par la même substance. Cette dernière flore se compose : de plantes *calcicoles*, fixées par le carbonate de chaux, de *calcifuges*, repoussées par cette substance, et d'*indifférentes*, qui ne sont ni attirées ni repoussées par le calcaire, et qui végètent dans toute espèce de milieu non salé.

8. L'influence chimique du terrain s'étend également à toutes les familles végétales.

9. La répulsion exercée par le chlorure de sodium sur les plantes terrestres est plus grande que l'attraction qu'il peut exercer sur les plantes maritimes.

10. Son influence est plus générale que celle du calcaire, puisqu'elle se manifeste sur les neuf dixièmes au moins des végétaux d'une contrée, tandis que l'influence du calcaire se remarque à peine sur la moitié des espèces terrestres.

11. Néanmoins la répulsion exercée par le carbonate de chaux sur les calcifuges est aussi forte que celle du chlorure de sodium sur la flore terrestre.

12. Le calcaire repousse les calcifuges plus énergiquement qu'il n'attire les calcicoles.

13. Il existe une grande ressemblance entre l'action de la chaux et celle de la soude : les deux bases fixent chacune des plantes particulières ; elles en repoussent d'autres ; leur force d'attraction est moindre que leur force de répulsion ; les plantes maritimes et les calcicoles se contentent d'une quantité de soude et de chaux insuffisante pour repousser les plantes terrestres et les calcifuges ; enfin, les calcicoles sont moins

nombreuses que les calcifuges, de même que les plantes maritimes sont moins nombreuses que les plantes terrestres.

14. On ne sait pas exactement de quelle manière s'exerce l'action chimique de la soude, qui est une substance nuisible pour les plantes terrestres.

15. On ne sait pas beaucoup mieux pourquoi la chaux repousse les calcifuges : tout ce qu'on peut affirmer, c'est qu'elle leur nuit en entravant la production de la chlorophylle et de l'amidon.

16. Rien ne prouve que la silice exerce la moindre influence chimique : jusqu'à plus ample informé, on doit la considérer comme un milieu neutre et inerte, servant de refuge aux plantes expulsées par la chaux.

17. Quoique la potasse soit indispensable aux plantes terrestres et sans doute aussi aux plantes maritimes, elle ne paraît exercer aucune influence appréciable sur leur dispersion spontanée.

18. La magnésie ne paraît exercer aucune action par elle-même.

19. Les oxydes de fer paraissent également inertes, quoique leur base joue un rôle physiologique important.

20. Absolument essentiels au point de vue de la vie végétale, l'azote et le phosphore ne paraissent agir que comme amendements augmentant la vigueur des individus de toutes les catégories.

21. L'argile n'exerce aucune action chimique ; son influence est purement physique.

22. Encore peu connue, l'action possible du gypse, au point de vue de la dispersion des espèces, ne se distingue sans doute pas de celle du calcaire.

23. L'influence physique du terrain dépend essentiellement du mode de désagrégation des roches ; d'où résultent les différences que présente le sol sous le

rapport de la sécheresse ou de l'humidité, de la profondeur, de la mobilité, de la ténacité, de la perméabilité, etc.

24. Eu égard à cette influence, on divise les plantes en *xérophiles* ou amies de la sécheresse, et en *hygrophiles* ou amies de l'humidité. Les unes et les autres sont appelées *lithiques*, *péliques* ou *psammiques*, selon qu'elles habitent les rochers, l'argile ou le sable. Absolument insensibles à l'influence physique du terrain, un grand nombre d'espèces peuvent être qualifiées d'*indifférentes*, de même qu'il y a des indifférentes à l'influence chimique.

25. Dans la flore maritime comme dans la flore terrestre, et parmi les calcifuges et les indifférentes au point de vue chimique, on distingue des xérophiles, des hygrophiles et des indifférentes au point de vue physique.

26. La station, qui ne se rattache qu'assez indirectement au terrain, est la résultante d'éléments fort variés, tous d'ordre physique, tels que fraîcheur ou insolation, obscurité ou lumière, sécheresse ou humidité de l'air, abri contre le vent, la pluie, etc. Son influence ne vient qu'en dernier ordre.

TABLE DES MATIÈRES

POITIERS. — TYPOGRAPHIE OUDIN.